Gauhar Meldebekova
Seitkhan Koibakov

Modelação dos serviços ecossistémicos e trade-offs no âmbito das alterações LULC

Gauhar Meldebekova
Seitkhan Koibakov

Modelação dos serviços ecossistémicos e trade-offs no âmbito das alterações LULC

ScienciaScripts

Cover image: www.ingimage.com

This book is a translation from the original published under ISBN 978-620-2-05618-2.

Publisher:
Sciencia Scripts
is a trademark of
Dodo Books Indian Ocean Ltd. and OmniScriptum S.R.L publishing group

120 High Road, East Finchley, London, N2 9ED, United Kingdom
Str. Armeneasca 28/1, office 1, Chisinau MD-2012, Republic of Moldova, Europe
Managing Directors: Ieva Konstantinova, Victoria Ursu
info@omniscriptum.com

Printed at: see last page
ISBN: 978-620-8-55396-8

Índice:

Resumo

A bacia hidrográfica do rio Syrdarya, na Ásia Central, está a enfrentar uma forte degradação dos ecossistemas e uma deterioração da qualidade da água, atribuídas principalmente à agricultura intensiva. O crescimento previsto da população e a alteração da utilização dos solos exigem uma gestão mais abrangente e integrada que tenha em conta a totalidade dos sistemas sócio-ecológicos associados. No âmbito do quadro dos SES (Sistemas Sócio-Ecológicos), a tese de mestrado centra-se nos impactos das alterações do uso do solo a montante sobre os serviços ecossistémicos a jusante, a fim de revelar as soluções de compromisso. O estudo efectua uma avaliação biofísica das alterações em três serviços ecossistémicos hidrológicos, um de aprovisionamento (abastecimento de água) e dois de regulação (purificação da água e controlo da erosão), através do desenvolvimento de modelos espacialmente explícitos de alterações do uso do solo utilizando o software InVEST. Esta avaliação foi conseguida através da conceção de cenários alternativos de utilização do solo e da exploração dos padrões espaciais dos serviços ecossistémicos, a fim de melhor compreender as ligações e as consequências da alteração da utilização do solo. Esta investigação apresenta um quadro analítico para a integração dos benefícios humanos diretos e dos serviços ecosistémicos na tomada de decisões políticas e ilustra a sua aplicação.

Palavras-chave: Serviço de ecossistema, gestão baseada em ecossistemas, modelo InVEST

Chapter 1
Introdução

O rio Syrdarya é altamente explorado para irrigação agrícola e produção de energia hidroelétrica. A água é um recurso essencial em toda a bacia, fornecendo energia hidroelétrica às regiões montanhosas do Quirguizistão e do Tajiquistão durante o verão; a jusante, o rio é fundamental para apoiar os meios de subsistência das populações locais, fornecendo água para a produção agrícola e para a pesca local. Irriga algumas das mais importantes terras de cultivo de algodão e arroz da Ásia Central e satisfaz também as necessidades de água de cidades como Tashkent, Turquestão, Kyzylorda, etc. No entanto, não só são utilizadas grandes quantidades de água doce acessível para irrigar as terras de cultivo, como também são utilizados fertilizantes químicos e orgânicos que afectam a qualidade da água e contribuem para a sua deterioração. Olhando para o futuro, o crescimento da população e a necessidade de aumentar a produção agrícola continuarão a exercer pressão sobre os recursos hídricos da região, tornando a gestão inteligente da água, tanto a nível nacional como regional, um fator-chave para a subsistência dos habitantes locais, em especial dos agricultores e da agricultura (Central Asia Energy-Water Development Program Brochure, 2007).

À medida que a população da bacia e o consumo per capita aumentam, aumenta também a urgência de protegermos e melhorarmos os ambientes onde as pessoas residem. Uma forma de atingir este objetivo é aplicar a Gestão Baseada nos Ecossistemas (EBM), que implementa uma abordagem integrada e holística para ligar as interações dentro de um ecossistema, incluindo os seres humanos, considerando todo o conjunto de benefícios e não os serviços dos ecossistemas isoladamente (Christensen et al., 1996). Tem em consideração os objectivos ecológicos que preservam o ecossistema vital, ao mesmo tempo que satisfazem as exigências socioeconómicas, políticas e culturais das gerações actuais e futuras. A MBE reconhece as limitações do grau de stress que os sistemas terrestres podem suportar antes de se deteriorarem irreversivelmente, pelo que o seu objetivo é prever e compreender compromissos que atualmente não são reflecte-se nas condições económicas e ecológicas.

O conceito-chave subjacente à MBE é o quadro dos serviços ecossistémicos (SE), os benefícios que as pessoas obtêm dos ecossistemas (MA, 2005), que são cada vez mais considerados cruciais para os decisores na procura da sustentabilidade. O desenvolvimento de iniciativas internacionais como o MA (2003) ou a Plataforma Intergovernamental sobre Biodiversidade e Serviços Ecossistémicos (IPBES) do PNUA evidencia a necessidade crescente de sintetizar a informação em torno dos SE para equilibrar o bem-estar humano com a manutenção de processos ecológicos críticos (Perrings et al., 2011).Os mapas de serviços ecossistémicos são ferramentas poderosas para os decisores e gestores, permitindo-lhes identificar espacialmente quais as áreas que devem ser mantidas devido ao seu elevado fornecimento de serviços ecossistémicos (Balvanera et al., 2001). Estes mapas são também importantes para avaliar trade-offs espaciais e/ou sinergias entre múltiplos serviços ecosistémicos, bem como para dar prioridade a áreas que permitirão governar múltiplos objectivos de conservação (Daily e Matson, 2008). A este respeito, a Avaliação Integrada dos Serviços e dos Trade-offs dos Ecossistemas (InVEST) é uma ferramenta útil para a criação de cenários futuros sobre o impacto provável das alterações do uso do solo nos ecossistemas.

Esta investigação tem por objetivo desenvolver o modelo de referência para a gestão baseada nos ecossistemas, a fim de proteger os benefícios humanos sem sacrificar os serviços hidrológicos dos ecossistemas na bacia do rio Syrdarya. O seu objetivo é estimar os impactos das alterações do uso do solo a montante nos serviços ecossistémicos a jusante, a fim de identificar potenciais compromissos. Utilizei três modelos InVEST: Rácio de descarga de sedimentos (SDR), rácio de descarga de nutrientes (NDR) e rendimento hídrico sazonal (SWY) e apliquei dois cenários diferentes de alteração do uso do solo, nomeadamente a reflorestação ribeirinha e a expansão agrícola. Os modelos InVEST utilizam funções de produção ecológica que determinam como as alterações na estrutura e função de um ecossistema são susceptíveis de afetar o fornecimento de serviços ecossistémicos numa paisagem terrestre ou marítima (Sharp et al., 2016). Em primeiro lugar, os modelos quantificam o rendimento hídrico sazonal, a exportação de sedimentos, a exportação de azoto e fósforo como uma avaliação de base. Em seguida, serão utilizados cenários de alteração do uso do solo para avaliar as alterações no fluxo de serviços ecossistémicos em comparação com a ocupação do solo existente. Os cenários foram selecionados para refletir a situação atual na região e as opções políticas futuras plausíveis. A aplicação de cenários de alteração do uso do solo demonstra como o planeamento baseado na ciência pode informar o esforço de conservação e conduzir a maiores melhorias na saúde ambiental.

Chapter 2

Revisão da literatura

2.1 Sistemas socio-ecológicos

É bem sabido que os sistemas sociais e económicos humanos são formados pelos recursos ecológicos de uma região. Até muito recentemente, o ponto de intersecção entre as ciências sociais e as ciências naturais era muito limitado. Tal como a ecologia convencional tinha excluído o ser humano do estudo da ecologia, muitas disciplinas das ciências sociais tinham ignorado o ambiente e limitado o seu âmbito aos seres humanos. No entanto, na era do Antropoceno, a população mundial está a aumentar cada vez mais, vastas áreas de terra estão a ser transformadas para satisfazer as exigências humanas, a biodiversidade está a diminuir e as alterações climáticas estão no topo da lista. Seria razoável dizer que a humanidade esteve possivelmente perto de ultrapassar as fronteiras planetárias (Rockstrom et al., 2015). Por conseguinte, existe atualmente um reconhecimento crescente de que o desenvolvimento sustentável e o bem-estar contínuo das pessoas exigem uma compreensão mais profunda da complexidade de todos os sistemas envolvidos, nomeadamente os sistemas sociais e ecológicos, e das retroacções recíprocas entre eles. De facto, a necessidade de obter uma compreensão abrangente das ligações entre os impactos antropogénicos nos ecossistemas e, por sua vez, o impacto das alterações dos ecossistemas no bem-estar humano nunca foi tão significativa. Para responder a estas questões, Elinor Ostrom (2007, 2009) propôs um quadro para analisar os sustentabilidade destes sistemas socio-ecológicos (SES).

Os sistemas sócio-ecológicos são definidos como um conjunto de componentes humanas e biofísicas que interagem de forma interdependente. O quadro distingue o facto de os ecossistemas serem sistemas adaptativos complexos, delimitados por fronteiras espaciais ou funcionais, caracterizados por relações não lineares, efeitos de limiar, dependência histórica e múltiplos resultados possíveis (Olssonet al., 2003). São capazes de mudar e de se auto-organizarem, mas também de se reorganizarem completamente se os limiares críticos forem ultrapassados (Scheffer et al., 2001).

O quadro do SES surgiu de uma combinação de várias plataformas disciplinares, como os estudos ecológicos tradicionais, a economia ambiental, a ecologia política, a propriedade comum, a ética ambiental, etc. Também incorpora ideias de estudos relacionados com a resiliência, a robustez, a sustentabilidade e a vulnerabilidade (Levin et al., 1999).

Tendo em conta a inércia do sistema socioeconómico e o facto de os efeitos adversos da degradação dos ecossistemas e da perda de biodiversidade não poderem ser invertidos durante séculos ou serem irreversíveis (por exemplo, perda de espécies), é muito importante conhecer e compreender os complexos ecossistemas naturais, a fim de melhorar a base científica do desenvolvimento sustentável.

2.2 Quadro de Serviços Ecossistémicos

2.2.1 Definição e classificação

O estudo dos serviços ecosistémicos é uma componente integral do quadro que procura abordar o que tem sido designado como o "desafio central da ciência da sustentabilidade" (Kates et al., 2001). Este desafio refere-se aos objectivos conflituosos e aparentemente discordantes de assegurar a utilização dos recursos pela sociedade para as necessidades humanas mais fundamentais, mantendo ao mesmo tempo a função e os serviços ecosistémicos.

Na sua definição mais simples, os serviços ecosistémicos são os benefícios que as pessoas obtêm dos ecosistemas (MA, 2005). Uma vez que estes serviços são produzidos em pacotes em todo o planeta, a capacidade de localizar, quantificar e avaliar qualitativamente o efeito sinérgico de múltiplos SE é essencial para compreender plenamente as mudanças e o seu impacto no bem-estar humano

Para ajudar no estudo dos serviços ecosistémicos, os serviços ecosistémicos foram classificados de acordo com linhas funcionais em quatro categorias. De acordo com a Avaliação Ecosistémica do Milénio (MA, 2003), estas incluem:

1. Serviços de aprovisionamento, tais como alimentos, água doce, madeira e fibras, combustível, etc.

2. Serviços de regulação, nomeadamente purificação da água, retenção de sedimentos, regulação do clima, controlo de inundações, regulação de doenças, etc;

3. Serviços de apoio, como a formação do solo, o ciclo de nutrientes e a produção primária;

4. Serviços culturais que proporcionam benefícios recreativos, educativos e estéticos.

Em conjunto, são responsáveis por fornecer todos os atributos necessários para sustentar a vida e o bem-estar ecológico em todos os biomas. Estão associados à manutenção de todos os sistemas naturais, solo, ar, água e organismos. Além disso, estão na base da produção de grande parte da riqueza do planeta.

Como já foi referido, cada parte da Terra produz um conjunto de serviços ecossistémicos. As intervenções humanas podem aumentar alguns serviços, embora muitas vezes à custa de outros, o que é amplamente conhecido como "trade-offs de serviços ecossistémicos". No século passado, as intervenções humanas aumentaram drasticamente os serviços de abastecimento de alimentos através da disseminação de tecnologias agrícolas, embora isso tenha resultado em alterações noutros serviços, como a regulação da água. Em contrapartida, a "sinergia dos serviços ecosistémicos" é definida como uma situação vantajosa para todos, que envolve uma melhoria mútua de vários serviços ecosistémicos. Uma melhor compreensão dos mecanismos subjacentes aos trade-offs e sinergias pode ser benéfica para o planeamento com vista a reduzir os conflitos indesejáveis dos SE (MA, 2003).

2.2.2 Estrutura hierárquica dos conceitos de serviços ecosistémicos

O "modelo em cascata" dos serviços ecosistémicos realça as ligações entre os aspectos biofísicos/biodiversidade e o bem-estar humano. Os serviços ecosistémicos ligam estes dois aspectos ao representarem as estruturas ou processos ecosistémicos que proporcionam um benefício aos seres humanos.

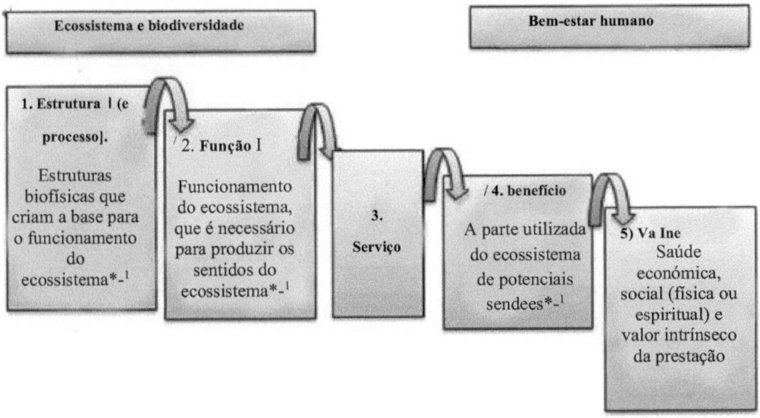

Figura 1 Ligações entre os serviços ecosistémicos e o bem-estar humano

A cascata começa com as estruturas e processos biofísicos (propriedades do ecossistema), que determinam a capacidade de um ecossistema prestar serviços. Esta capacidade de prestar um serviço é designada por função ecossistémica (Haines-Young e Potschin, 2010). O conjunto destas funções constitui o funcionamento do ecossistema, ou seja, a manutenção da integridade ecológica (MA, 2003). A integridade ecológica representa a preservação das estruturas e processos ecológicos que são necessários para 2013). Estas estruturas e processos são semelhantes aos serviços de apoio e de habitat da Avaliação Ecossistémica do Milénio e do TEEB (MA, 2003; TEEB, 2010)

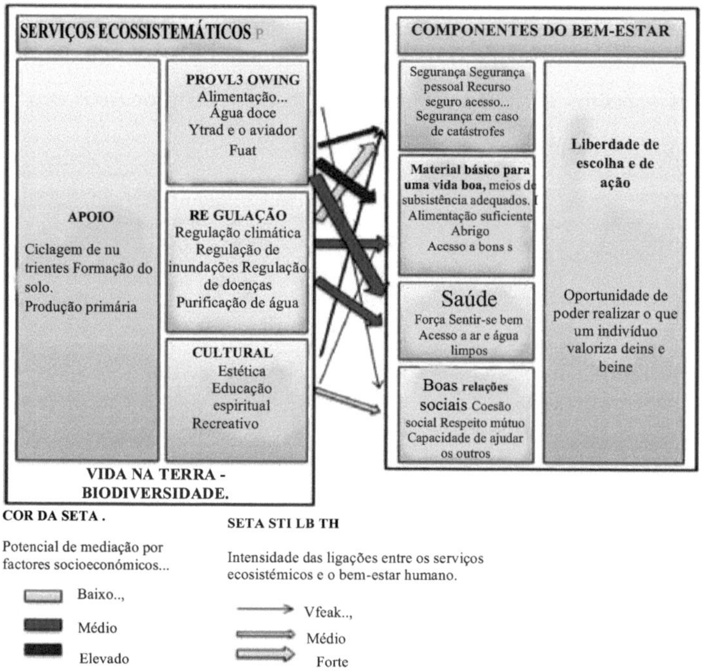

Figura 2A "cascata de serviços ecossistémicos" que ilustra as relações entre as propriedades biofísicas, os serviços ecossistémicos e os benefícios humanos (adaptado de Haines-Young & Potschin, 2010)

2.3 Gestão baseada em ecossistemas

Os paradigmas de gestão convencionais que se centram num único sector, resultando na sobre-exploração dos recursos e na poluição, não conseguiram proteger os ecossistemas, o que, por sua vez, teve um impacto nas pessoas que dependem deles para o seu bem-estar. Os desafios actuais e futuros que os ecossistemas enfrentam exigem a incorporação de aspectos como a biodiversidade, a utilização de sistemas sócio-ecológicos, o envolvimento das partes interessadas na tomada de decisões e a utilização de incentivos para apoiar as pessoas na adoção de práticas sustentáveis. Neste sentido, a Gestão Baseada nos Ecossistemas (MBE) é uma abordagem a adotar, pois reconhece que o bem-estar humano e ecológico estão intimamente ligados e que a sustentabilidade só ocorre quando ambos são procurados em simultâneo (Tallis et al., 2009). Mais especificamente, a MBE inclui as seguintes caraterísticas fundamentais:

- Um processo sistemático para melhorar continuamente as políticas e práticas de gestão, aprendendo com os resultados de políticas e práticas anteriormente utilizadas.

- Baseado no local, com áreas geográficas definidas por critérios ecológicos - porque os recursos são influenciados por factores como as condições oceanográficas e climáticas e os factores socioeconómicos.

- Transversal, considerando as interações entre sectores da atividade humana que se sobrepõem no ambiente - a GEB trabalha a vários níveis e considera os impactos cumulativos de diferentes sectores.

- Proactiva, incorporando soluções de compromisso para gerir os ambientes - reconhece que raramente é possível otimizar todas as actividades ao mesmo tempo sem algumas soluções de compromisso em termos de utilizações e objectivos.

- Inclusivo e colaborativo, encoraja a participação de todos os níveis de governo, povos indígenas, partes interessadas - uma mistura diversificada de colaboradores e partes interessadas deve ser incluída no planeamento e implementação de qualquer atividade MBE. A diversidade do grupo trará contribuições e motivações únicas para a mesa. Os parceiros e as partes interessadas fazem parte da solução e compreendem que os seus objectivos serão melhor alcançados se trabalharem em conjunto.

A abordagem baseada nos ecosistemas fornece um quadro que permite aos decisores alargarem as suas perspectivas e tomarem em consideração as múltiplas consequências ligadas às suas decisões. Um aspeto importante da MBE é identificar como é que as estratégias de gestão alternativas são susceptíveis de ter impacto em toda a gama de serviços ecosistémicos. Inclui estratégias de gestão adaptativa e trade-offs entre serviços ecosistémicos que são tornados tão explícitos quanto possível (Pacific Islands Protection Area Portal).

2.4 Estado dos serviços ecossistémicos da bacia do rio Syrdarya

O Syrdarya é o rio de maior importância socioeconómica na Ásia Central, sendo o mais longo e o segundo maior em volume (Pannier, 2009). A bacia hidrográfica é partilhada por quatro países da Ásia Central, apoiando a economia, com muitas pessoas a dependerem da agricultura e da pesca para a sua subsistência.

2.4.1 Escassez de água

As regiões semi-áridas, como a bacia do rio Syrdarya, estão a enfrentar um sério desafio de gestão dos recursos hídricos em condições de crescente escassez de água. Atualmente, a disponibilidade de água potável de qualidade e em quantidade adequada é um dos grandes problemas que condicionam o desenvolvimento socioeconómico da bacia.

O rio Syrdarya depende fortemente dos glaciares e dos campos de neve da montanha Tian Shan para o abastecimento de água ao seu sistema hidrológico. Como resultado de temperaturas mais elevadas e de uma estação de fusão prolongada, os glaciares nas montanhas Tian Shan já perderam muito do seu volume nas últimas décadas - provavelmente cerca de 0,9% por ano (Dikikh et al., 2004; Vilesov e Uvarov, 2001). O volume estimado dos glaciares na bacia do Syrdarya foi reduzido de aproximadamente 121 km^3 nos anos 60/1970 para 101 km^3 em 2000 (PNUD, 2009). As medições gravimétricas (GRACE) revelaram uma perda de massa glaciar em todo o Tien Shan de cerca de 5 6 Gt (0,32 ± 0,39 m de equivalente de água) por ano no período 2003-2010 (Jacob et al., 2012). Por conseguinte, no futuro, o amortecimento dos glaciares sofrerá provavelmente uma alteração substancial e a redução do volume dos glaciares acabará por resultar numa diminuição do escoamento de verão alimentado pelos glaciares. No início, a diminuição dos glaciares fornece grandes quantidades de água sob a forma de um aumento do escoamento glaciar. No entanto, este abastecimento de água está longe de ser sustentável e resulta inevitavelmente num ponto de rutura à medida que as contribuições dos glaciares diminuem. Assim, a redução do volume dos glaciares acabará por resultar numa diminuição do escoamento no verão, podendo o volume de água de fusão dos glaciares no verão deixar de ser suficiente para alimentar as bacias hidrográficas numa altura do ano em que as quantidades de precipitação são baixas e a camada de neve já derreteu. Continua a ser incerto quando é que o Syrdarya ou os seus afluentes irão atravessar este ponto de viragem, embora alguns deles possam mesmo já o ter feito.

Em segundo lugar, devido às alterações climáticas, nomeadamente o aumento da temperatura, é

Prevê-se que a procura de água por evaporação das culturas venha a aumentar, o que representa mais uma limitação à produtividade sustentável da agricultura de regadio na região. As estratégias de gestão das bacias hidrográficas devem seguir os princípios da gestão integrada da água e melhorar a produtividade da água, satisfazendo simultaneamente as exigências de todos os utilizadores, incluindo o ambiente, e reduzindo a poluição da água. (ICARDA).

Dada a grande dependência das economias da Ásia Central em relação à agricultura de regadio, o problema da falta de água tornou-se um fator importante para o desenvolvimento da região (McKinney et al., 2003). O acesso à água e à irrigação é crucial para a produtividade da terra e a estabilidade dos rendimentos. Atualmente, cerca de 85% da água é utilizada para irrigação nos campos agrícolas em pouco mais de 10 Mha. Uma vez que os recursos de água doce disponíveis já estão sobreutilizados, só é possível continuar a utilizar a água através da reutilização intensiva das águas de drenagem. (ICARDA)...

A procura de água para fins agrícolas e não agrícolas dos sectores industriais em rápido desenvolvimento e das populações urbanas está em constante crescimento e a escassez de água está a tornar-se um problema cada vez mais grave na Ásia Central.

2.4. 2Deterioração da qualidade da água

O rápido desenvolvimento da agricultura e da irrigação e a má gestão dos recursos hídricos nas bacias hidrográficas do rio Syrdarya conduziram a um aporte significativo de fósforo e azoto provenientes de fertilizantes lixiviados dos campos irrigados (Alekinet al. 1984). Para aumentar a produção de algodão, foram utilizadas grandes quantidades de pesticidas, incluindo os organoclorados diclorodifenil-tricloroetanos (DDT), os compostos de hexacloro-ciclohexano (HCH, Lindane) e o toxafeno. Embora o DDT tenha sido proibido na década de 1970, há provas de que a sua utilização persistiu na bacia (Jensen et al., 1997). A poluição da água é a principal razão da elevada ocorrência de febre tifoide, hepatite e outras infecções intestinais na região (Down to Earth, 2014). Não é de se admirar, considerando que nem todos os assentamentos possuem abastecimento de água centralizado, deixando os moradores locais na dependência de poços ou refeições contaminadas.

Atualmente, o algodão ocupa cerca de 90% de todas as terras irrigadas da bacia. Cada hectare de uma plantação de algodão recebe 245 kg de azoto e 125 kg de fósforo. Atualmente, a agricultura na bacia consome anualmente cerca de 820 000 toneladas de fertilizantes minerais: 472 toneladas de azoto, 213 000 toneladas de fosfatos e 136 000 toneladas de fertilizantes potássicos (Orlovsky et al., 2011).

As escorrências agrícolas contaminam os poços e as refeições perto do rio. Estas águas poluídas contêm fenóis, compostos de azoto, pesticidas, matéria orgânica e sulfatos até 10 vezes mais do que a concentração máxima permitida pelas normas da URSS (Down to Earth, 2014).

O diretor-adjunto da Agência do Cazaquistão para a Ecologia Aplicada, Malik Burlibaev, referiu que a poluição da água em Syrdarya é tão elevada que não deve ser utilizada para beber ou para irrigação. Além disso, acrescentou que o arroz colhido nos campos próximos de Kyzylorda está carregado de agentes cancerígenos e não deve ser consumido (Pannier, 2009).

2.4. 3Sedimentação de reservatórios

A erosão do solo pela água, também designada por erosão hídrica, resulta frequentemente de práticas incorrectas de utilização dos solos e de uma gestão inadequada da água de irrigação. Na Ásia Central, os agricultores geralmente não conservam os restos das culturas anteriores, como cobertura vegetal, porque há outras utilizações finais para os resíduos, nomeadamente energia, cozinha, alimentação do gado, etc. Por conseguinte, a maior parte dos resíduos é removida e queimada, o que provoca a perda de solo dos bosques, reduz o teor de matéria orgânica do solo, priva o biota do solo dos seus recursos energéticos e promove as emissões de gases com efeito de estufa (ICARDA).

A sedimentação afecta negativamente a garantia de abastecimento de água a vários utilizadores, como a irrigação agrícola, a indústria e a produção de energia hidroelétrica. Por exemplo, a diminuição da capacidade volumétrica das albufeiras pode provocar uma redução da capacidade de produção de energia hidroelétrica, menos água para a irrigação dos campos de cultivo e uma redução das inundações. A elevada turbidez é uma caraterística natural dos cursos de água dos rios da Ásia Central, que ameaça a capacidade volumétrica das albufeiras através da sedimentação. De facto, a maioria dos reservatórios da região já estão bastante assoreados. De acordo com os resultados recentemente publicados pela Comissão Mundial de Barragens (WCD), 2000; Mahmood, et al., 1987, a sedimentação é responsável por uma média anual de 0,5-1% de perda de capacidade volumétrica das albufeiras. Palmieri et al. (2003) referem que a diminuição da capacidade de armazenamento exige um custo de substituição anual de 13 mil milhões de dólares.

Do ponto de vista ecológico, cargas excessivas de sedimentos nos cursos de água podem alterar significativamente o habitat dos organismos vivos, mudar a estrutura bentónica dos rios e ter impacto no crescimento de algas devido à diminuição da luz que penetra na água. Além disso, os sedimentos são capazes de transportar fertilizantes provenientes da expansão da agricultura, da urbanização e da descarga associada de esgotos industriais, levando à deterioração da qualidade da água

Capítulo 3

Materiais e métodos

3.1 Local de estudo

O rio Syrdarya, que faz parte da bacia do Mar de Aral, é uma das maiores e mais importantes artérias de água da antiga Ásia Central Soviética, nascendo nas montanhas Tien Shan, a leste, percorrendo cerca de 2 212 km através dos países a montante, Quirguizistão, Tadjiquistão, Uzbequistão e Cazaquistão, e desaguando finalmente no Mar de Aral, a noroeste (Figura 3). O clima é tipicamente continental árido com diferenças extremas entre as temperaturas de inverno e de verão, com uma temperatura média de 14,2 °C. Varia entre -15 °C-8 °C no inverno e 18 °C-38 °C no verão. A precipitação anual varia entre 60 mm na estação meteorológica de Kyzylorda (a meio do curso) e 502 mm na estação meteorológica de Dzhalalabad (a montante). A evapotranspiração varia entre 1.150 mm e 1.420 mm em toda a bacia (Abdullaev et al 2014).

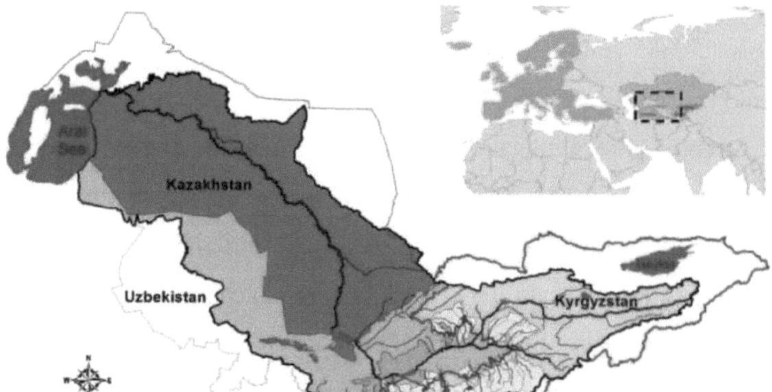

Figura 3 Localização da bacia de Syrdarya

A bacia do rio Syrdarya é frequentemente dividida em duas partes geograficamente distintas:

1) Região montanhosa a montante com excesso de humidade que resulta em campos de neve permanentes e glaciares das cadeias montanhosas de Pamir e Tien

Shan (Murray-Rust et al., 2003).

2) A planície com loess na estepe de Golodnaya e depósitos arenosos tipo loess no deserto de Kyzylkum.

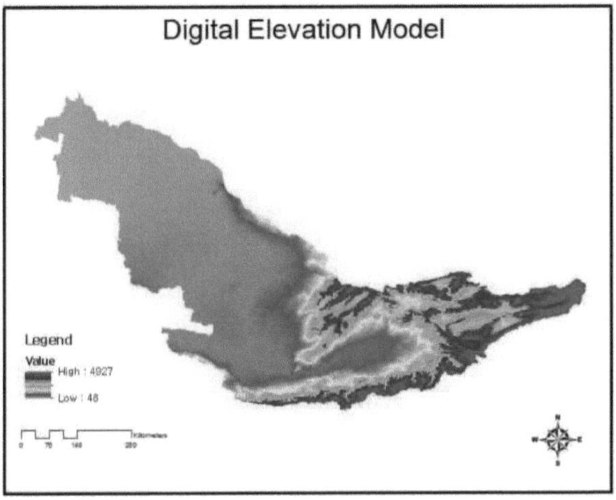

Figura 4 Modelo Digital de Elevação da Bacia de Syrdarya

A bacia do rio Syrdarya cobre uma área de 444 000 km² com uma população de cerca de 18 milhões de pessoas e uma densidade populacional de 19 pessoas por quilómetro quadrado (Murray-Rust et al., 2003). 55% da terra é utilizada como pastagem para gado como ovelhas, gado bovino, cabras, cavalos e camelos. Os campos agrícolas cobrem 8% do território. Os solos são geralmente inférteis, mas podem ser produtivos para certas culturas com irrigação abundante, o que não é o caso na região. Atualmente, as terras irrigadas da bacia de Syrdarya são exploradas para o algodão - 44%, culturas forrageiras - 31%, culturas de cereais - 4%, etc. Os extensos sistemas de irrigação estabelecidos durante o período soviético ainda estão a funcionar, mas atingiram parcialmente a fadiga das infra-estruturas e requerem obras de renovação, reconstrução e manutenção adequadas (Savoskul et al., 2003).

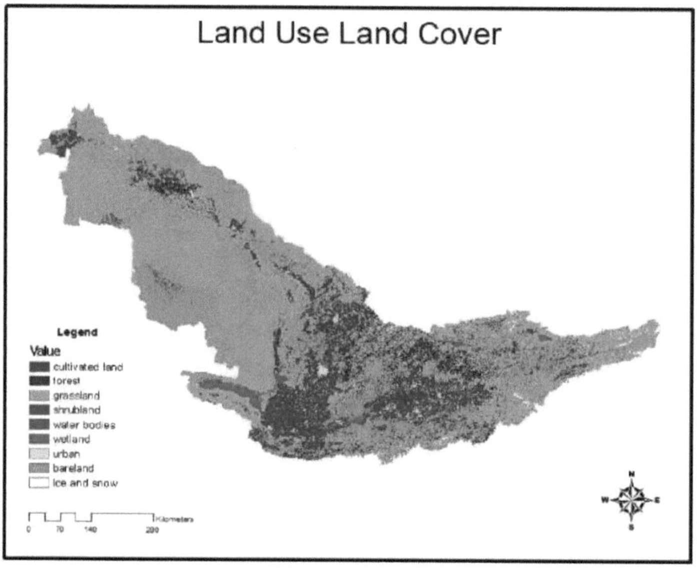

Figura 5 Mapa de ocupação do solo da bacia de Syrdarya

3.2 Abordagem de modelação e requisitos de dados

As avaliações dos serviços ecossistémicos proporcionam uma oportunidade para melhorar a nossa compreensão dos processos ecossistémicos e dos seus ciclos de feedback associados (por exemplo, agricultura Vs. qualidade da água; florestas Vs. quantidade de água). Entre as várias formas de avaliar os serviços ecossistémicos, a cartografia é uma ferramenta poderosa que pode ser utilizada para processar dados e informações complexos (Martinez-Harms et al.,2012; Crossman et al., 2013). Os estudos que utilizam o mapeamento de serviços ecossistémicos têm aumentado consistentemente nos últimos tempos. Muitas das abordagens abrangentes de mapeamento aplicam vários modelos biofísicos espacialmente explícitos de serviços ecossistémicos (Zhang et al., 2013). Este estudo mapeia e quantifica os estados dos serviços ecossistémicos na bacia hidrográfica do rio Syrdarya utilizando o modelo de Avaliação Integrada dos Serviços e Compensações dos Ecossistemas (InVEST). O modelo InVEST é um conjunto de ferramentas biofísicas e económicas que modelam os serviços dos ecossistemas marinhos, terrestres ou de água doce (Bagstad et al., 2013) para apoiar a gestão baseada nos ecossistemas, desenvolvido por investigadores da Universidade de Stanford, do World Wide Fund for Nature e da Nature Conservancy em 2007. Inclui vários submodelos; são espacialmente explícitos, exigindo mapas e tabelas como fontes de informação e gerando mapas como resultados. Os modelos InVEST utilizam funções de produção ecológica que determinam como as alterações na estrutura e função de um ecossistema afectarão os fluxos e valores dos serviços ecossistémicos numa paisagem terrestre ou marítima (Sharp et al., 2016). Este estudo selecionou 3 serviços ecossistémicos hidrológicos com base na sua importância para a sociedade local: produção sazonal de água, retenção de nutrientes e retenção de sedimentos.

Para a modelação, foi utilizada uma vasta gama de dados de sistemas de informação geográfica (SIG). Os tipos e fontes de dados são apresentados no Quadro 1. Uma vez obtidos, todos os dados foram pré-processados no software GIS ArcMap 10.5 da ESRI - a seguir designado por ArcGIS - e convertidos para a projeção WGS 84 UTM zona 42N.

3.2.1 Modelo de rendimento hídrico sazonal

A produção de água no InVEST é determinada com base numa estimativa simples do balanço hídrico - precipitação menos perdas por armazenamento e evapotranspiração. O modelo assume que a produção de água pode ser estimada pela interação da precipitação e da evapotranspiração potencial, dadas as propriedades de armazenamento de água do solo. A produção sazonal de água (Y) para cada pixel na paisagem (x) foi calculada utilizando a equação de Budyko desenvolvida por Zhang (Zhang et al., 2004), como se segue:

$$Y = \left(1 - \frac{AETx}{Px}\right) * Px$$

Em que AETx é a ET efectiva anual no pixel x;

Px é a precipitação anual no pixel x.

Para a cobertura vegetal do solo, a partição ET $\frac{AETx}{Px}$, baseia-se numa expressão da curva de Budyko:

$$\frac{AETx}{Px} = 1 + \frac{PETx}{Px} - \left(1 + \left(1 + \frac{PETx}{Px}\right)^{w}\right)^{1/w}$$

Em que ® é um parâmetro não físico que caracteriza as propriedades naturais do solo e do clima. A evapotranspiração potencial PETx é calculada da seguinte forma: $PETx = Kc * (lx) * ET0x$

onde ET0x é a ET de referência do pixel x e Kclx é o coeficiente de ET da planta associado ao LULC no pixel x. O ® pxq é um parâmetro empírico expresso como uma função linear de $\frac{AWC*N}{P}$, onde N representa o número de eventos anuais de chuva; AWC é a medida do conteúdo de água disponível para as plantas.

O modelo InVEST adopta a seguinte equação: $Wx = Z\frac{AWCx}{Px} + 1.25$

onde Z é o coeficiente de Zhang - um parâmetro utilizado para caraterizar as propriedades naturais do clima-solo.

3.2.2 Modelo do rácio de fornecimento de nutrientes

O modelo InVEST Nutrient Delivery Ratio está estruturado para identificar as fontes e as áreas de retenção de poluentes de fontes não pontuais; quantifica a carga e a exportação de nutrientes com base nas condições geomorfológicas, vegetativas, hidrológicas e climáticas da área em cada pixel e soma a exportação de nutrientes por bacia hidrográfica; as cargas são encaminhadas ao longo de percursos de fluxo definidos topograficamente.

O modelo efectua uma estimativa simples do orçamento de nutrientes a partir da representação espacial das fontes de azoto e de fósforo, determinadas pela carga específica de cada classe de LULC, e dos sumidouros (ou "retenção"), que representam os processos de aprisionamento pela cobertura vegetal.

O modelo utiliza uma abordagem de balanço de massa, representada pelo movimento da massa de nutrientes através do espaço (Sharp et al., 2016). Funciona da seguinte forma: em primeiro lugar, o escoamento anual de cada pixel é calculado utilizando o modelo InVEST Seasonal Water Yield. Em segundo lugar, o modelo estima a quantidade de nutrientes retidos e exportados de cada pixel na paisagem com base nas propriedades dos pixéis do mesmo percurso de escoamento, em particular o declive e a eficiência de retenção da cobertura do solo. Os valores de carga de nutrientes associados a cada LULC são derivados de vários estudos empíricos.

Contudo, em contraste com modelos de nutrientes mais sofisticados, o modelo InVEST não considera quaisquer interações químicas ou biológicas. Descreve antes o fluxo de nutrientes em estado estacionário na paisagem. Na bacia hidrográfica e

Ao nível da sub-bacia hidrográfica, a exportação de nutrientes é expressa como a soma das contribuições ao nível do pixel. (Sharp et al., 2016)

3.2.3 Modelo do rácio de entrega de sedimentos

O modelo InVEST de rácio de transporte de sedimentos mapeia a perda de solo por via terrestre e o transporte por escoamento superficial. O fluxo de sedimentos nas bacias hidrográficas é determinado pela topografia (os declives acentuados contribuem mais), pelo clima (intercidades pluviométricas), pelas propriedades do solo (suscetibilidade à erosão), pela vegetação e por factores antropogénicos.

O rácio de entrega de sedimentos é calculado da seguinte forma: em primeiro lugar, a perda de solo de cada célula é estimada utilizando a Equação Universal Revisada de Perda de Solo (RUSLE) (Wischmeier e Smith, 1978):

RUSLE=Ri K LSi Ci Pi,

onde

- Ri é a erosividade da precipitação (MJ-mm(ha-hr) $)^{-1}$
- Ki é a erodibilidade do solo ton-ha-hr (MJ-ha-mm$)^{-1}$),

- LSi é o fator de gradiente-comprimento do declive
- Ci é o fator de gestão da cultura
- e Pi é o fator de prática de apoio (Renard et al., 1997, Sharp et al., 2017).

Em seguida, foi calculado o rácio de entrega de sedimentos, que é a proporção da perda de solo que chega à saída da bacia hidrográfica. Os resultados do modelo SDR incluem dois mapas de grelha de exportação e retenção de sedimentos à escala anual e um shapefile com os valores de exportação e retenção de sedimentos ao nível da sub-bacia hidrográfica:

Fator de erosividade da precipitação (R): A erosividade da precipitação (fator R) baseia-se na energia cinética da precipitação e representa a intensidade da chuva num ano normal. Uma fórmula baseada na precipitação mensal proposta por Renard e Freimund 1994 foi utilizada com os dados de precipitação do WorldClim para calcular o fator R na ferramenta ArcMap Raster Calculator, que se expressa da seguinte forma

$$K_{USLE} = K_w = f_{csand} + f_{cl\text{-}si} + f_{orgc} + f_{hisand}$$

$$R = 0.04830\ P^{1.610} \quad , \quad P < 850\ mm \quad (Eq\ )$$

$$R = 587.7 - 1.219\ P + 0.004105\ P^2 \quad , \quad P > 850\ mm \quad (Eq)$$

Onde R é a erosividade da precipitação anual ($Mj*mm*ha*year^{-1-1}$) e P é a precipitação anual (mm).**Fator de erodibilidade do solo (K).** A erodibilidade do solo (fator K) é uma medida da suscetibilidade das partículas do solo ao desprendimento e transporte pela precipitação e escoamento. Os valores do fator K variam entre o mínimo de 0,02 e o máximo de 0,69. Quanto mais elevado for o valor do fator K, mais suscetível é o solo à erosão pela chuva. Neste estudo, os valores de K foram calculados utilizando a fórmula sugerida por (Williams, 1972):

em que: f_{csand} é um fator que reduz o indicador K em solos com elevado teor de areia grossa e é mais elevado em solos com pouca areia; f_{cl-si} significa factores de erodibilidade do solo baixos para solos com rácios argila-silte elevados; f_{orgc} reduz os valores de K em solos com elevado teor de carbono orgânico, enquanto f_{hisand} reduz os valores de K em solos com um teor de areia extremamente elevado:

$$f\ csand = (0.2 + 0.3 * \exp\left(-0.256 * m\left(1 - \frac{msilt}{100}\right)\right)$$

$$f\ cl - si\ = \left(\frac{msilt}{mc + msilt}\right)^{0.3}$$

$$f\ orgc\ = \left(1 - \frac{0.25 * orgC}{orgC + \exp[3.72 - 2.95 * orgC]}\right)$$

$$f\ hisand = \left(1 - \frac{0.7 * \left(1 - \frac{ms}{100}\right)}{\left(1 - \frac{ms}{100}\right) + \exp\left[-5.51 + 22.9 * \left(1 - \frac{ms}{100}\right)\right]}\right)$$

em que: m_s - teor da fração de areia (0,05-2,00 mm de diâmetro) [%];

m_{silt} - teor da fração silte (0,002-0,05 mm de diâmetro) [%];

mc - teor da fração argilosa (<0,002 mm de diâmetro) [%];

orgC - o teor de carbono orgânico (SOC) [%].

A erodibilidade do solo depende da sua textura, permeabilidade e teor de matéria orgânica. Geralmente, os solos com maior permeabilidade, níveis mais elevados de matéria orgânica e uma melhor estrutura do solo são mais resistentes à erosão. A presença de silte, areia fina e argilas é mais resistente à erosão devido a uma elevada capacidade de retração, ao passo que os solos de textura arenosa, franco-arenosa e franco-argilosa têm baixos valores de K (Departamento de Conservação Ambiental do Estado de Vermont).

3.3 Preparação dos dados

Antes de executar o InVEST, é necessário formatar os dados. O capítulo seguinte descreverá o fluxo do pré-processamento de dados necessário.

1. Modelo Digital de Elevação. Para o InVEST, é fundamental que os modelos hidrológicos utilizem um DEM bem preparado. O mapa DEM para a bacia de Syrdarya foi obtido no sítio Web do Serviço Geológico dos Estados Unidos (USGS). Os dados topográficos de alta resolução são gerados a partir da Shuttle Radar Topography Mission (SRTM) da NASA em fevereiro de 2000. A SRTM DEM é utilizada com a opinião consensual de que tem uma precisão vertical mínima de 16 m de erro absoluto com 90% de confiança (Root Mean Square Error (RMSE) de 9,73 m em todo o mundo. Os dados atualmente distribuídos pela NASA/USGS contêm buracos "sem dados" onde a água ou uma sombra pesada impediram a quantificação da elevação. Para obter resultados exactos, os DEM têm de representar corretamente os padrões de fluxo de águas superficiais na área de interesse. Para o efeito, os sumidouros (buracos sem dados) no SRTM DEM foram identificados e preenchidos utilizando a ferramenta ArcGIS Hydrology Fill.

2. Uso do solo Cobertura do solo. Para este estudo, a utilização de um mapa LULC de alta resolução espacial foi crucial, uma vez que o cenário de reflorestação ribeirinha exige uma largura de tampão de 30 m. O mapa LULC de resolução de 30 m GlobeLand30-2010 foi obtido do The State Key Laboratory of Resources and Environmental Information System, Academia Chinesa de Ciências (Chen et al., 2015) e mosaicado utilizando o ArcGIS. O ano de referência para o mapa LULC é 2010. As imagens utilizadas para a classificação GlobeLand30 são imagens multiespectrais com 30 metros, incluindo as TM5 e ETM+ do Satélite de Recursos Terrestres da América (Landsat) e as imagens multiespectrais do Satélite de Alívio de Desastres Ambientais da China (HJ-1). Para além das imagens multiespectrais, existem muitos dados auxiliares também utilizado no processo de produção de dados, como a recolha e classificação de amostras, etc. Nove tipos e mais de 150 000 amostras de teste são avaliados em termos de exatidão. A exatidão global do GlobeLand30-2010 atinge 80,33%. O indicador Kappa é de 0,75. O sistema de classificação inclui 10 tipos de ocupação do solo, nomeadamente terras cultivadas, florestas, prados, arbustos, zonas húmidas, massas de água, tundra, superfícies artificiais, terras nuas, neve e gelo permanentes.

3. **Bacia hidrográfica e sub-bacias hidrográficas.** Para delinear o ficheiro de limites da bacia hidrográfica no ArcGIS, foi utilizada a ferramenta Hydrology-> Watershed. Gerei uma grelha de acumulação de caudal e, em seguida, uma grelha de direção do caudal a partir do modelo digital de elevação e utilizei dados pontuais para a localização de reservatórios e barragens derivados da base de dados Global Reservoir and Dam (GRanD), ajustados ao curso de água mais próximo utilizando a ferramenta Snap Pour Point (Sharp et al., 2016). Depois de geradas as sub-bacias hidrográficas, é atribuída a cada uma delas uma identificação única na tabela de atributos.

4. **Precipitação.** O modelo exigia pelo menos cinco anos de dados de precipitação. Os dados de precipitação anual de 1970 a 2000 foram obtidos no sítio Web da Organização Mundial do Clima com uma resolução de 1 km. A exatidão do conjunto de dados de precipitação é de p=0,86.

5. **Evapotranspiração.** A evapotranspiração na bacia hidrográfica depende da utilização do solo, da radiação solar, das variações de temperatura, da precipitação, etc. A evapotranspiração potencial foi estimada pelo método de Hargreaves, utilizando o conjunto de dados WorldClim e a seguinte equação:

$$ET0 = kET\ RA\ \hat{}Tmax - Tmin * (Tmean + 17,8)$$

em que: ET_0 - evapotranspiração potencial (mm], ket-coeficiente de cultura, RA- radiação extraterrestre (MJ m^{-2} dia^{-1}),T_{max}, T_{min} e T_{mean} são a temperatura máxima, mínima e média do ar, respetivamente.

O PET indica a quantidade máxima de água que pode evaporar-se, variando entre 113 mm/ano e 1220 mm/ano.

6. **Grupos hidrológicos do solo.** Quando a chuva cai sobre a terra, uma parte dela escorre para os canais dos cursos de água e para os sistemas de águas pluviais, enquanto a restante é absorvida pelo solo ou regressa diretamente à atmosfera através da evaporação. As propriedades físicas do solo afectam a taxa de absorção da água e a quantidade de escoamento produzida por uma tempestade. O grupo hidrológico do solo fornece um índice da taxa de infiltração da água num solo e é um contributo para os modelos de precipitação-escoamento que são utilizados para prever o caudal potencial dos cursos de água.

O Soil Hydrologic Group Grid Map com uma resolução de 1 km foi obtido da Future Water Organization, Países Baixos.

As quatro classes de grupos de solos hidrológicos são:

1. Os solos do Grupo A têm uma elevada taxa de infiltração e um baixo escoamento superficial. Estes solos são constituídos por areias profundas e bem drenadas ou areias com cascalho e têm uma elevada taxa de transmissão de água.
2. Os solos do grupo B têm uma taxa de infiltração moderada. Este grupo é constituído principalmente por solos profundos e bem drenados com uma textura moderadamente fina a moderadamente grosseira e uma taxa moderada de transmissão de água.
3. Os solos do grupo C têm uma taxa de infiltração lenta. Este grupo é constituído por solos com uma camada que impede o movimento descendente da água ou por solos de textura fina e uma taxa lenta de transmissão de água.
4. Os solos do grupo D têm uma taxa de infiltração muito lenta e um elevado potencial de escoamento superficial. Este grupo é composto por argilas que têm um elevado potencial de retração, solos com um lençol freático elevado, solos que têm uma camada de argila ou argila à superfície ou perto dela, e

solos que são pouco profundos sobre material quase impermeável. Estes solos têm uma taxa de transmissão de água muito lenta.

7. Fator de erosividade da precipitação (R). Não existem dados específicos sobre a erosividade da precipitação na bacia de Syrdarya. Por conseguinte, foram utilizadas as equações de Renard e Freimund (1994) para estimar o fator de erosividade da precipitação para a bacia. A erosividade da precipitação projectada baseia-se no conjunto de dados WorldClim Precipitation.

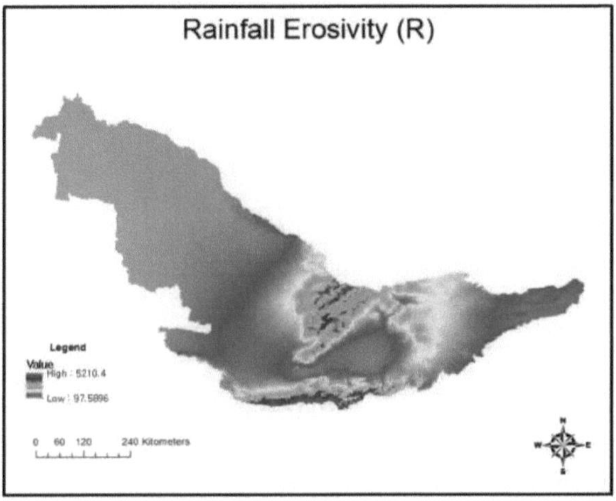

Figura 6 Camada de rasterização do fator de erosividade da precipitação (R) para a estimativa da RUSLE no modelo do rácio de distribuição de sedimentos

8. Fator de erodibilidade (K). A fim de determinar a sensibilidade do solo à erosão na bacia de Syrdarya, foi utilizado o Mapa Digital de Solos do Mundo da FAO e os valores de K foram calculados de acordo com Williams et al. (1975). O quadro 1 apresenta os valores do fator de erodibilidade do solo (K) calculados com base nas classes de textura do solo e no teor de matéria orgânica. Foram adicionados ao Attribute Layer do conjunto de dados vectoriais no ArcGIS e convertidos em camadas raster.

Quadro 1 Valores de erodibilidade utilizados para gerar a camada raster de erodibilidade para a estimativa RUSLE

Grupo de solos	**Descrição**	**Fator K**
YK	Iermosolos cálcicos	0.02088
XL	Xerossóis Luvic	0.01625
S	Solonetz	0.02027
WR	Água	0
OE	EutricHistosols	0.0172
YT	Yermosols Takyric	0.0271
ZG	GleyicSolonchaks	0.01516
GE	EutricGleysols	0.01647
SG	GleyicSolonetz	0.02143
JE	EutricFluvisols	0.01716
XH	HaplicXerosols	0.02042
I	Litholos	0.01836
XK	Xerossóis cálcicos	0.02185
GL	Glaciar	0
Z	Solonchaks	0.01957
G	Gleysols	0.01473
YH	Yermosols Haplic	0.02231

Os valores de K variam entre 0 para a água e os glaciares, uma vez que não são erodíveis, e 0,02 para os solos que apresentam uma erodibilidade média.

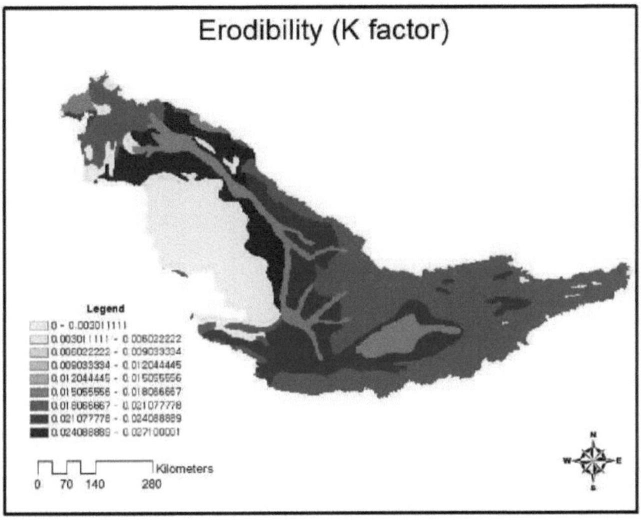

Figura 7 Camada rasterizada do fator de erodibilidade do solo (K) para a estimativa da RUSLE no modelo do rácio de distribuição de sedimentos

9. Tabela Biofísica.

Os valores da tabela biofísica baseiam-se na revisão da literatura de estudos empíricos. Sharp et al.,(2016),Canadell et al.,(1996)e Natural Capital Project (2006)fornecem uma base de dados exaustiva de valores que resumem as observações na literatura por cobertura de terra, bioma e espécies de plantas. A Tabela 2 mostra a lista dos valores biofísicos utilizados para este estudo.

Tabela 2 Tabela biofísica de entradas para os modelos InVEST.

Código LULC	Descrição	Rendimento sazonal de água				
		CN_A	CN_B	CN_C	CN_D	Kc_1
10	agricultura	65	73	79	81	0.75
20	floresta	36	60	73	79	1
30	prados	49	69	79	84	0.8
40	arbustos	55	72	81	86	0.8
50	zona húmida	1	1	1	1	1.1
60	massas de água	1	1	1	1	0.7
80	urbano	57	72	81	86	0.2
90	estéril	76	85	90	93	0.3
100	neve e gelo	1	1	1	1	0.7

Có digo LU LC	Rácio de fornecimento de nutrientes						Rácio de entrega de sedimentos	
	Nitrogénio		Fósforo					
	loa d	ião retentor	loa d	Retenção				

10	11	0.25	3	0.25	1300	1	0.412	1
20	1.8	0.75	0.011	0.75	7000	1	0.025	1
30	4	0.4	0.05	0.4	2000	1	0.034	1
40	2	2	0.011	0.5	2000	1	0.128	1
50	0.001	0.001	0.001	0.05	7000	1	0.0001	1
60	0.02	0.002	0.007	0.6	500	0	0.003	1
80	9	0.05	2.5	0.05	300	0	0.9	1
90	4	0.05	0.001	0.05	10	0	0.9	1
100	0.001	0.05	0.001	0.05	10	0	0.0001	1

Quadro 1Requisitos de dadosInVEST

Conjunto de dados	Descrição	Fonte	Referência
DEM	Mapa raster do Modelo Digital de Elevação	USGS SRTM (fevereiro, 2000) Resolução de 1 arc-sec (30m)	Jarvis, A., H.I. Reuter, A. Nelson, E. Guevara, 2008, Hole-filled SRTM for the globe Version 4, disponível na base de dados CGIAR-CSI SRTM 90m (http://srtm. csi.cgiar.org).
LULC	Mapa raster da ocupação do solo	Globeland30 (2010) (baseado no Landsat TM) Resolução 30m	Chen, J.; Chen, J.; Liao, A.; Cao, X.; Chen, L.; Chen, X.; He, C.; Han, G.; Peng, S.; Lu, M.; et al. Global landcovermappingat30m resolução: Uma abordagem operacional baseada em POK. ISPRS J. Photogramm. RemoteSens. 2015, 103, 7-27(http://globallandcover.com)

Precipitação	Mapas rasterizados de dados mensais precipitação (mm)	Dados climáticos mensais WorldClim (média de 1970-2000) Resolução de 1 km	Hijmans, R.J., S.E. Cameron, J.L. Parra, P.G. Jones e A. Jarvis, 2005. Superfícies climáticas interpoladas de muito alta resolução para áreas terrestres globais. Internationa Journal of Climatologia 25: 1965-1978.
Evapotranspiração	Mapas de evapotranspiração de referência mensal (mm)	Calculado a partir de WorldClim Precipitação mensal e temperatura utilizando o método de Hargreaves modificado	Adquirido ao Instituto Internacional de Gestão da Água, Tashkent escritório.
Grupo hidrológico do solo	Mapa raster dos grupos hidrológicos do solo (A, B, C, ou D), utilizado em combinação com o mapa LULC para calcular o mapa CN.	HiHydroSoil: um mapa de propriedades hidráulicas do solo de alta resolução da FutureWater (2014) Resolução de 1 km	De Boer, F. HiHydroSoil: Um mapa de alta resolução das propriedades hidráulicas do solo - Versão 1.2; Relatório técnico; FutureWater: Wageningen, Países Baixos, 2016.

Bacias hidrográficas e sub-bacias hidrográficas	Shapefile que delimita a limite da bacia hidrográfica.	Análise hidrológica do ArcGIS	N/A
Nutriente Escoamento Proxy	Mapa raster do espaço variabilidade do potencial de escoamento superficial.	Rendimento hídrico sazonal da InVEST Saída (Quickflow)	N/A
Precipitação Erosividade Índice (R)	Mapa raster com o valor do índice de erosividade para cada célula. Esta variável depende da intensidade e da duração da precipitação na zona de interesse.	Dados de precipitação do WorldClim. Utilização da calculadora-mestre no SIG, a precipitação média anual é convertida numa camada raster	Hijmans, R.J., S.E. Cameron, J.L. Parra, P.G. Jones e A. Jarvis, 2005. Superfícies climáticas interpoladas de muito alta resolução para áreas terrestres globais. Jornal Internacional de

			Climatologia 25: 1965-1978.
Erodibilidade do solo (K)	Mapa raster do valor K, medida da suscetibilidade das partículas do solo ao desprendimento e transporte por precipitação e escoamento.	Derivado do DSMW (The Digital Soil Map of the World), FAO, utilizando informações sobre areia/silte/argila/carvão orgânico (1998)	FAO, Digital soil map of the world and derived soil properties (CDROM). Série "Land and Water Digital Media" n.º 1. Organização das Nações Unidas para a Alimentação e a Agricultura, VialedelleTerme di Caracalla 00100 Roma Itália, 1998.

Biofísica Tabela	Quadrocomprindo , para cada Tipo de LULC: -lucode (Código de utilização do solo) -load_n / load_p: A carga de nutrientes para cada utilização do solo, unidades de kg/ha/ano. -eff_n / eff_p: A eficiência máxima de retenção para cada classe de LULC, variando entre 0 e 1.	Com base numa variedade de fontes bibliográficas, principalmente Sharp et al., 2016 e Canadell et al., 1996.	

	-CN (número da curva de escoamento superficial) para cada tipo de solo - um valor que estima a quantidade de água que é suscetível de escoar diretamente, em vez de se infiltrar. -valores mensais de Kc: o coeficiente de evapotranspiração vegetal para cada classe de LULC.	CN: USDA Hydrology National Engineering Handbook Part 630, Capítulo 9. Kc: FAO Irrigation and Drainage Paper 56.	NRCS-USDA, Manual Nacional de Engenharia. Estados Unidos Departamento da Agricultura, 2007. RG Allen, LS Pereira, D Raes, M Smith, Cropevapotranspiration Guidelines for computing crop water requirements-FAO Irrigation and drainage paper 56, FAO, Roma 300 (9), D05109, 1998.
	-usle_c: Gestão de coberturas fator para o USLE, um valor de ponto flutuante entre 0 e 1. -usle_p: Fator de prática de suporte para o USLE, ponto flutuante	Com base numa variedade de fontes bibliográficas, principalmente Wischmeier e Smith (1978)	Wischmeier, W.H., e D.D. Smith. Predicting rainfall erosion guide to conservation planning. USDA-Agr. Handbook No. 537, 1978.

	valor entre 0 e 1		
Eventos de chuva tabela	Tabela com 12 valores de eventos de chuva por mês.	Gestão Internacional da Água (IWMI)	O Programa Internacional da Água Atlas Mundial da Água e do Clima do Instituto de Gestão da Água (IWMI) (http://wcatlas.iwmi. org)

3.4 Conceção de cenários

Os estudos sobre os serviços ecossistémicos utilizam cenários de alteração da ocupação do solo ou de alterações climáticas (com base nos cenários do Painel Intergovernamental sobre Alterações Climáticas (IPCC)) para quantificar e comparar os potenciais impactos dos factores antropocêntricos ou climáticos de mudança na prestação de serviços ecossistémicos. Para este estudo, utilizei o último; os cenários de mudança LULC ajudam a avaliar a paisagem e os recursos hídricos e a tomar uma melhor decisão de gestão para refletir as condições económicas e sociais da área. A utilização de cenários juntamente com a modelação InVEST para compreender os trade-offs e/ou sinergias é particularmente poderosa porque produz resultados espacialmente explícitos. O planeamento espacial pode coordenar objectivos políticos concorrentes a diferentes escalas e pode ser utilizado para mitigar as consequências adversas de vários sectores, como as práticas agrícolas, a médio e longo prazo (Projeto Capital Natural).

Os cenários alternativos para este estudo foram desenvolvidos da seguinte forma:

1. Reflorestação ripícola. Foi criada uma zona tampão ripícola de 30 m em ambos os lados do rio. As faixas de proteção ripícola arborizadas ao longo dos rios proporcionam uma multiplicidade de serviços ecossistémicos, fornecem habitat e apoiam a biodiversidade. Os estudos de Braumann et al., 2007, Weller et al., 2011 mostram que a florestação em sistemas agrícolas aumenta a retenção do solo, melhora a qualidade das águas superficiais, aumenta o sequestro de carbono e melhora simultaneamente a recreação. A largura do buffer foi escolhida como 30 m (~95 pés), seguindo um dos mais reconhecidos modelos de planeamento de buffer de três zonas do USDA Forest Service (Johnson Craig W. et al., 2008).

2. Cenário de expansão agrícola. O rendimento direto da comunidade na bacia de Syrdarya provém principalmente da agricultura. Ou seja, quanto maior a área de

Quanto maior for a área cultivada, maior será o lucro obtido pelos habitantes locais. Só o Uzbequistão, responsável por 3,3% da produção mundial de algodão, é o sexto maior produtor e o quinto maior exportador de algodão do mundo. No entanto, a expansão agrícola sem um planeamento adequado pode conduzir a graves problemas ambientais.

Além disso, o crescimento da população na região, que implica um aumento do consumo per capita, exige um crescimento da produção agrícola. De acordo com as projecções anteriores das Nações Unidas sobre as taxas de crescimento da população, o Tajiquistão lidera, prevendo as Nações Unidas um crescimento de 119% entre 2015 e 2100, de 8 482 000 para 18 559 000. O Quirguizistão continua a apresentar um crescimento impressionante de 52%. E o Cazaquistão tem uma previsão de crescimento de 40%. O Uzbequistão e o Turquemenistão, entretanto, registarão um crescimento de um só dígito (Michel et al., 2015). Tendo em conta o aumento previsto da população na região e a necessidade de satisfazer a procura de alimentos, foi desenvolvido um cenário de expansão agrícola.

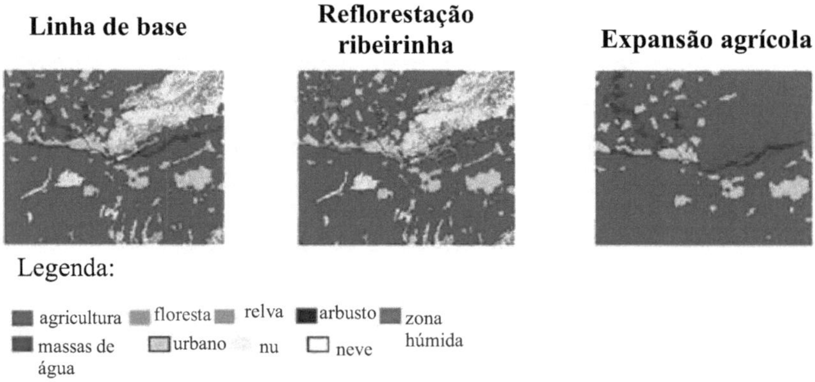

Figura 6 Mapa do cenário de alteração da ocupação do solo

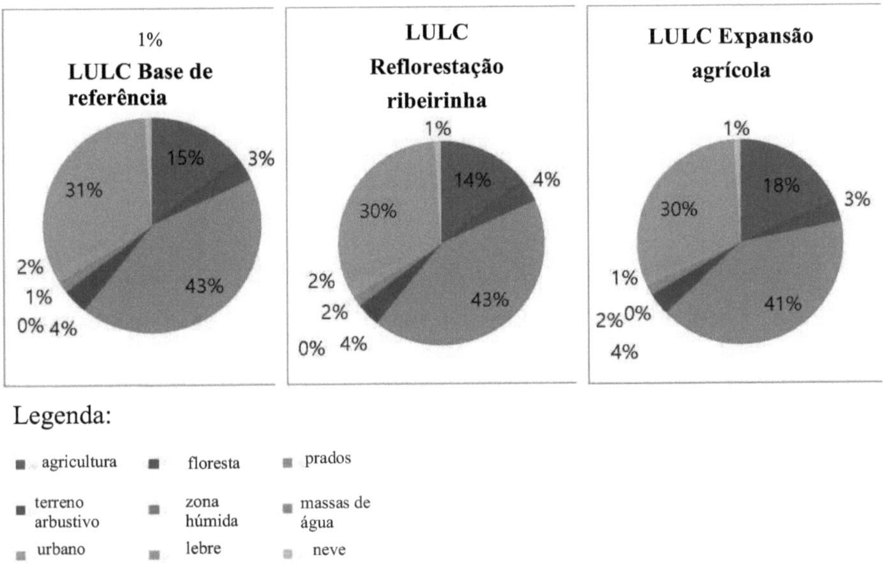

Figura 8 Distribuição da bacia hidrográfica na ocupação do solo especificada em diferentes cenários

A Figura 7 mostra a percentagem de alteração do LULC em toda a bacia.

Floresta

A cobertura vegetal aumentou apenas 1% no cenário de reflorestação ribeirinha, pelo que é razoável considerar que se trata de uma plantação em pequena escala. No cenário de expansão agrícola, a área de terra cultivada aumentou 4% em relação ao LULC de referência. Neste cenário, os campos agrícolas expandiram-se, convertendo todas as classes de LULC, exceto as massas de água e as zonas urbanas.

Capítulo 4
Resultados e discussão

4.1 Modelo de rendimento hídrico sazonal.

Os resultados do modelo são agregados em cada sub-bacia hidrográfica e, em seguida, toda a área de estudo foi mapeada para a variação espacial dos rendimentos hídricos. Os resultados mostram que cada sub-bacia hidrográfica contribui numa proporção diferente em resultado da variação dos parâmetros como a precipitação e a evapotranspiração através da bacia hidrográfica. Os valores de rendimento hídrico variaram de 4.593,9 m^3 /yr a 86.292.704 m^3 yr. A produção de água para toda a bacia é de 164*10 m^{63} /yr. A produção de água e o escoamento superficial dependem essencialmente da precipitação e, em menor grau, da evapotranspiração. A bacia de Syrdarya apresenta um forte gradiente de precipitação, o que conduz a condições de humidade elevada, enquanto que

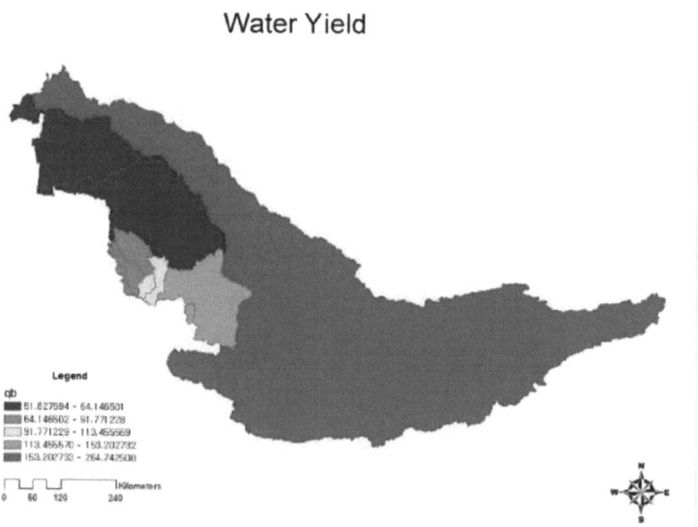

Figura 9 Rendimento hídrico previsto por sub-bacia hidrográfica (m^3 /yr)

As planícies a jusante são áridas e secas. A maior contribuição de rendimento hídrico por unidade de área provém da bacia hidrográfica oriental e é também a maior em área, com 86 292 704 m³ . Este padrão deve-se aos elevados valores de precipitação na zona montanhosa, que contribuem significativamente para o escoamento superficial. Por outro lado, os valores mais baixos de produção de água, cerca de 4593,9 m³ , pertencem às sub-bacias hidrográficas a oeste, em zonas desérticas quentes e secas.

Reflorestação ribeirinhaExpansão agrícola

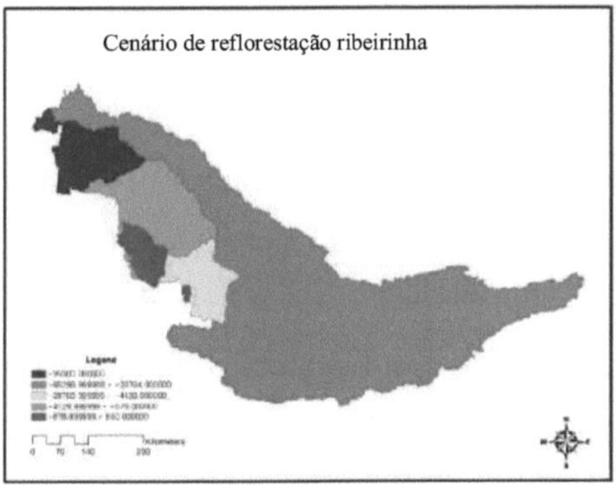

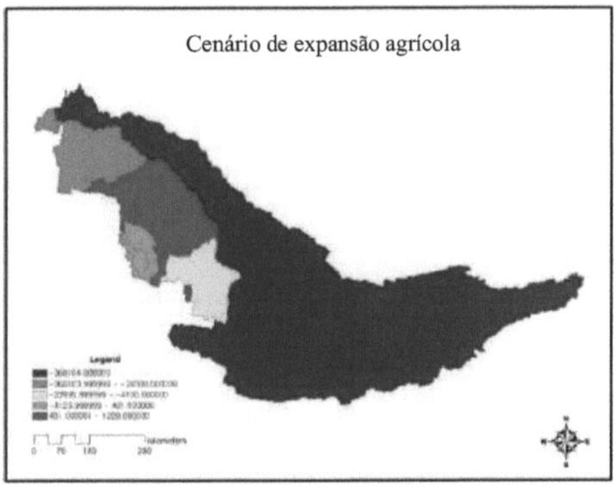

Total da bacia hidrográfica AY: 4.693.075 m³ **Total da bacia hidrográfica AY: 4.427.615 m³**

Figura 10 Variação do rendimento hídrico sazonal em dois cenários (m³ /yr)

A alteração do rendimento hídrico nos cenários de Reflorestação Ripária e Expansão Agrícola em relação ao LULC de referência é apresentada na Figura 11. A produção de água diminuiu na maioria das bacias hidrográficas em ambos os cenários:

1. Cenário de reflorestação ribeirinha. O rendimento hídrico previsto no cenário de reflorestação ripícola diminuiu em 4.693.075 m³ para toda a bacia. O processo mais importante que afecta a produção de água em resultado das alterações da ocupação do solo à escala média anual é a evapotranspiração. As curvas de Zhang fornecem (Zhang et al., 2005) um

Um guia muito bom para o escoamento - a diferença entre a precipitação e a evapotranspiração que se pode esperar em diferentes tipos de vegetação. Demonstra que a evapotranspiração das bacias florestais é geralmente maior do que a das bacias herbáceas, com a mesma precipitação anual a reduzir o escoamento. Além disso, as camadas superficiais do solo em bacias florestais têm mais humidade do que o solo mais profundo e, após a precipitação, a presença de árvores aumenta a infiltração e a percolação da água, diminuindo potencialmente o escoamento na zona tampão ribeirinha (Burgess et al.,1998).

2. Cenário de expansão agrícola. O rendimento hídrico diminuiu em 4 427 615 m^3 neste cenário. Estas conclusões são coerentes com as conclusões de Bai et al., 2014, no seu estudo, o rendimento hídrico diminuiu 37% num cenário de expansão agrícola na bacia hidrográfica de Baiyangdian, na China. Além disso, os resultados de Geng et al., 2014, sugerem que a alteração do rendimento hídrico está altamente correlacionada com a alteração das terras cultivadas. O aumento do rendimento hídrico está principalmente relacionado com a diminuição das terras cultivadas na parte superior da bacia hidrográfica do rio Heihe, na China.

A produção de água simulada em dois cenários apresentou um padrão de diminuição distinto associado à alteração da vegetação, em particular o aumento da evapotranspiração. Liu et al., 2013, mostraram que a ET total é maior para as florestas mistas, representando 624,0 mm/ano, seguida pelas culturas 510,0 mm/ano, relva 345,4 mm/ano e arbustos 200,1 mm/ano. De acordo com Gao et al. 2009, a alteração da vegetação nas bacias hidrográficas em regiões áridas conduz a um aumento do número de dias de caudal zero.

4.2 Rácio de fornecimento de nutrientes

A exportação não pontual de nutrientes variou significativamente na área de estudo, destacando áreas que são mais (ou menos) importantes para determinar a qualidade da água e onde a gestão pode ser priorizada. Ao contrário do modelo InVEST de rendimento hídrico sazonal, o mecanismo do modelo de rácio de entrega de nutrientes para estimar a exportação e retenção de nutrientes é determinado em grande medida pela ocupação do solo, como mostram os resultados do modelo nas Figuras 12 a e b, e não por factores climáticos. As exportações totais de azoto e fósforo para toda a bacia hidrográfica representam 28.443.873,03 kg/ha e 1.667.994,147 kg/ha respetivamente, no âmbito da avaliação de base. A distribuição espacial dos valores elevados de exportação de azoto e fósforo coincide com as terras cultivadas e as zonas urbanas. Os resultados do modelo mostram explicitamente a trajetória do fluxo de exportação de nutrientes até serem retidos por uma cobertura de solo intermédia, à medida que fluem para baixo.

Figura 11 a e b Distribuição espacial prevista da exportação de azoto (a) e fósforo (b) na zona (kg/ha/ano)

Para cada um dos cenários acima descritos, foram mapeadas as diferenças na exportação de azoto e fósforo em relação ao LULC de referência. Os mapas das diferenças dos cenários alternativos em relação à linha de base revelam padrões distintos de alteração da exportação de nutrientes. Os resultados mostram que a utilização generalizada de zonas-tampão ripícolas pode potencialmente levar a uma diminuição das exportações dos cursos de água para mitigar os efeitos da agricultura. Como esperado, a expansão agrícola levou a um aumento do azoto em 1426218 kg e da exportação de fósforo em 806219 kg para toda a bacia hidrográfica. A reflorestação ripícola resultou numa diminuição das exportações de azoto e fósforo em 1281844 kg e 1127 kg, respetivamente.

Reflorestação ribeirinha **Expansão agrícola**

N

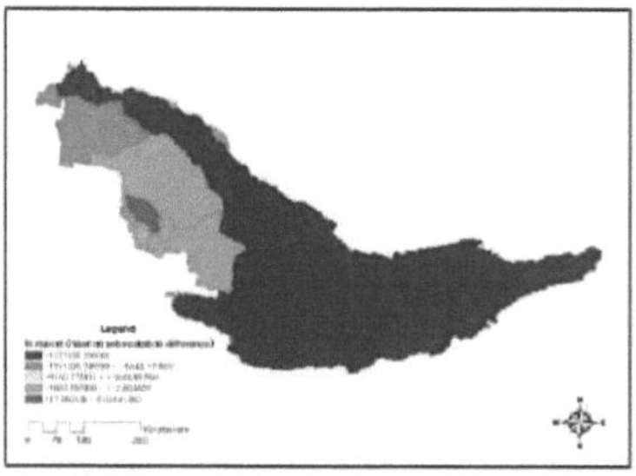

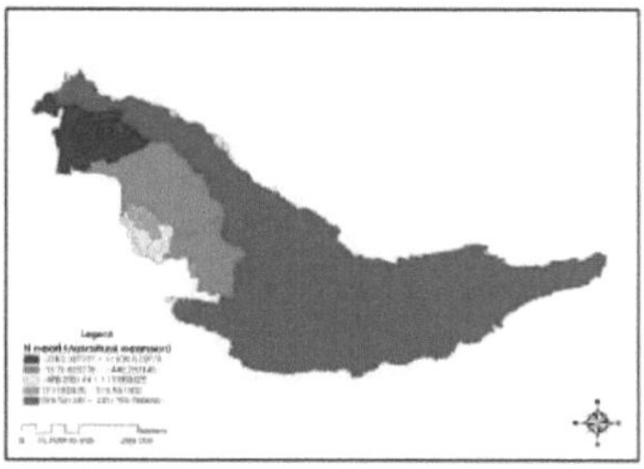

AN total da bacia hidrográfica: 1 281 844 AN total da bacia hidrográfica: 1 426 218

kg diminuição **kg aumento**

P

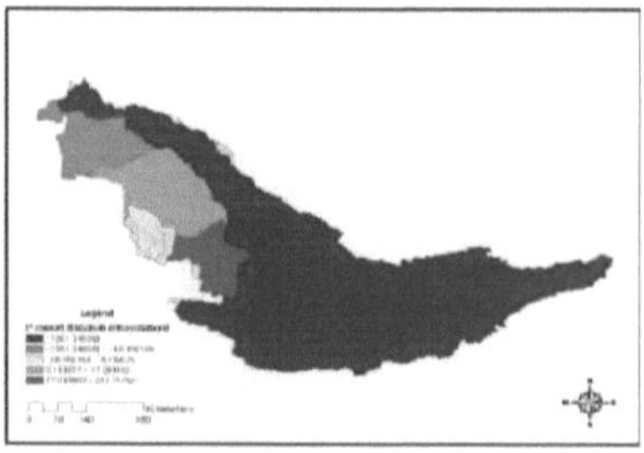

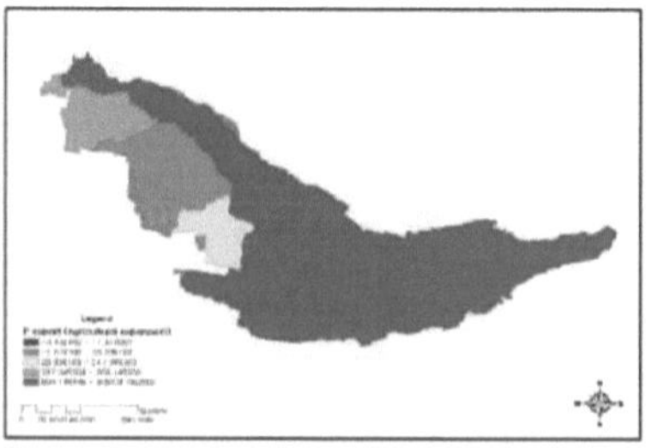

Total da bacia hidrográfica AP: 1,172 kg diminuição

Total da bacia hidrográfica AP: 806,219 kg aumento

Figura 12 Diferenças de exportação de nutrientes em dois cenários (kg)

4.3 Rácio de entrega de sedimentos

A representação espacial da exportação de sedimentos simulada e

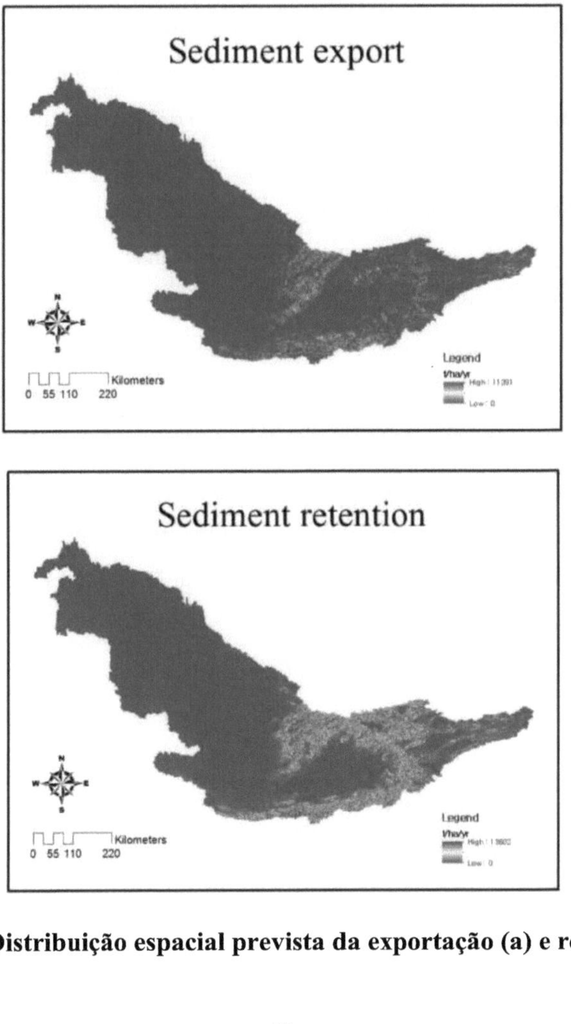

Figura 13 a, b Distribuição espacial prevista da exportação (a) e retenção (b) de

sedimentos na zona (t/ha/ano)são mostrados na Figura 14a e b. Isto é produzido usando os métodos RUSLE e SDR descritos acima; as unidades estão em toneladas/ha/ano.

A exportação de sedimentos é influenciada pela extensão e tipo de vegetação de uma determinada unidade de terra. Prevê-se igualmente que seja mais elevada nas zonas de maior rendimento hídrico e nas zonas de elevada altitude, caracterizadas por uma precipitação elevada e uma topografia inclinada. Para além das caraterísticas do terreno íngreme, a má gestão das terras, o cultivo do coberto vegetal e o sobrepastoreio também conduzem a uma grande vulnerabilidade à perda de solo.

A distribuição espacial da exportação de sedimentos na área de estudo difere consideravelmente e varia entre 0 no oeste e 11.391 t/ha/ano no leste. A parte oriental da bacia é dominada pelas montanhas Tian Shan, de declive acentuado, que conduzem a uma elevada erosividade da precipitação (fator R). No entanto, é necessário notar que os pontos mais elevados do Tian Shan apresentam valores baixos em resultado da baixa erodibilidade (fator K) dos glaciares. Além disso, as zonas urbanas, que são superfícies não propensas à erosão, apresentam taxas de exportação de sedimentos baixas.

As terras baixas da bacia apresentam baixas taxas de exportação de sedimentos devido à topografia plana e à aridez do clima com baixa precipitação. A água é um recurso escasso nas zonas áridas e desérticas. O InVEST simula a erosão hídrica, enquanto as zonas áridas e desérticas são bastante susceptíveis à erosão eólica.

Além disso, o mapa de retenção de sedimentos mostra claramente que, nas zonas florestais, a interação do dossel florestal reduz a energia cinética das gotas de chuva, protegendo assim os solos da erosão.

A exportação média anual de sedimentos da área é de 397.886,05 t/ano para toda a bacia hidrográfica, o que perfaz uma perda total de solo de 3.523.897,92 t/ano. A retenção média anual de sedimentos é de 53 441 026,11 t/ano, enquanto a retenção total para Syrdarya é de 1 923 876 940,21 t/ano.

As diferenças na exportação de sedimentos do LULC de referência para avaliar o impacto da mudança de uso da terra no fluxo de serviços do ecossistema foram mapeadas e mostradas em

Figura 15. A exportação total de sedimentos da bacia hidrográfica diminuiu em 10.478.751,12 t nos cenários de Reflorestamento Ripário e aumentou em 18189645,46 t nos cenários de Expansão Agrícola.

Reflorestação ribeirinha	**Expansão agrícola**
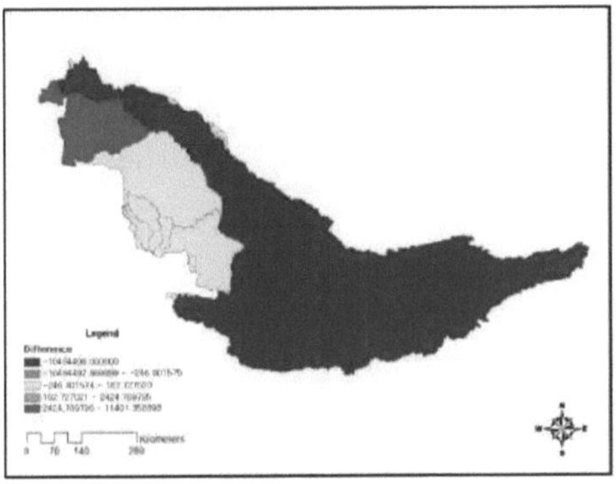	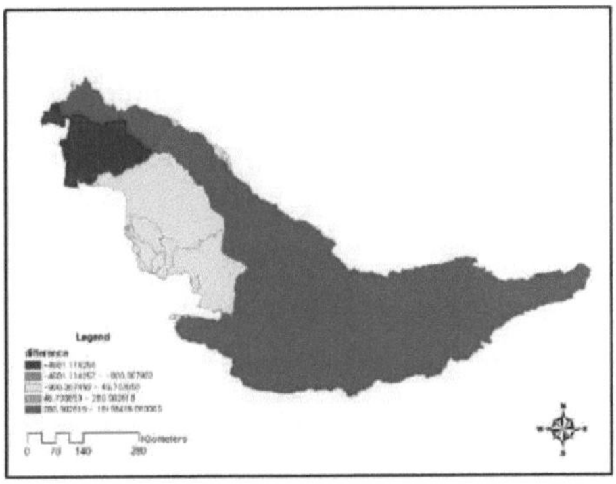
Total da bacia hidrográfica AS: 10.478.751,12t diminuição	**Total da bacia hidrográfica AS: 18.189.645,46 t aumento**

Figura 14 Diferenças na exportação de sedimentos em dois cenários(t)

4.4 Compromissos entre serviços ecossistémicos

Os resultados identificaram compromissos entre a produção de água e os serviços de retenção de nutrientes/sedimentos no cenário de reflorestação ribeirinha.

Até há relativamente pouco tempo, as zonas-tampão ripícolas pareciam ser uma situação vantajosa para todos. As árvores são geralmente representadas como uma oportunidade para reduzir simultaneamente a erosão e a poluição por nutrientes, fornecer abrigo e também gerar rendimentos (Zhang et al., 2007). No entanto, reconhecemos agora que algumas das alterações ao equilíbrio hidrológico causadas pelas árvores podem ter resultados desfavoráveis se os decisores políticos não as anteciparem e não as planearem cuidadosamente.

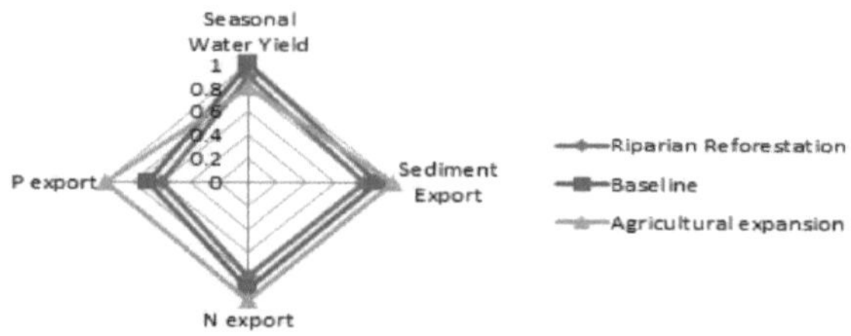

Figura 15 O gráfico de radar fornece uma comparação visual das alterações relativas (normalizadas) dos serviços ecosistémicos em diferentes cenários.

Apesar de a produção de água ter diminuído ligeiramente em toda a bacia hidrográfica, a nível das sub-bacias hidrográficas a reflorestação ripícola afectou negativamente o balanço hídrico, particularmente na sub-bacia hidrográfica onde a cobertura florestal aumentou mais, o que se explica pelo facto de

que os solos florestais têm taxas de infiltração mais elevadas do que os solos sob vegetação com raízes menos profundas. A diminuição do escoamento superficial resultante da florestação torna menos possível a erosão e a poluição por nutrientes. No entanto, do ponto de vista da segurança da água, os efeitos da florestação nos caudais sazonais são talvez ainda mais importantes. Estas constatações são coerentes com as de Liu e Zhong (1978), que referem que as bacias hidrográficas florestadas em solos de loess tinham um rendimento hídrico inferior ao das bacias adjacentes com menor cobertura florestal no curso superior do rio Amarelo, no noroeste da China. Chegaram à conclusão de que as florestas na região do Planalto de Loess podem reduzir o caudal do rio em 37%.

A reflorestação da bacia hidrográfica pode ter implicações significativas na disponibilidade de água para diferentes usos em toda a bacia. Do ponto de vista dos serviços ecossistémicos, as alterações hidrológicas associadas à reflorestação influenciaram a capacidade da área de estudo para fornecer serviços ecossistémicos hidrológicos.

A diminuição da produção de água em apenas 2% nesta investigação é bastante insignificante em comparação com os resultados de Liu e Zhang (1978), o que pode ser explicado pela diferença de dimensões das florestas nos dois locais (florestação ripícola em pequena escala vs. plantação de grandes florestas). Por conseguinte, a magnitude da alteração é também inferior.

Como já foi referido, as florestas podem diminuir os caudais de água. Para uma melhor compreensão do ciclo hidrológico, é muito útil distinguir entre água azul e água verde (Falkenmark e Rockstrom., 2005). Os recursos de água azul são formados pela fração da precipitação que chega aos rios e lagos após percolação nos aquíferos ou diretamente como escoamento superficial. Os seres humanos valorizam fortemente a quantidade e a qualidade das águas azuis, uma vez que constituem a principal fonte de água potável, água de irrigação, energia hidroelétrica e actividades recreativas. Os recursos hídricos verdes são formados pela fração da precipitação que não deixa o ecossistema através da percolação ou do escoamento superficial. Pode infiltrar-se no solo e ficar disponível para ser absorvida pelas plantas. O fluxo *de água verde* é a evapotranspiração deste recurso de água verde para a atmosfera. A água da precipitação interceptada pelas coberturas vegetais faz parte dos recursos hídricos verdes e a sua evaporação é um fluxo de água verde. Em comparação com outros usos do solo, as florestas têm tipicamente maiores fracções de água verde e menores fracções de água azul, o que significa que a florestação geralmente diminui as quantidades de água azul e a desflorestação as aumenta. Existe um compromisso direto entre a utilização de água verde e azul, e o desenvolvimento em qualquer direção tem efeitos tangíveis na outra.

A água é um recurso precioso nas zonas secas. No entanto, tendo em conta os factos e os números acima referidos, é possível modificar os compromissos entre a biomassa e a qualidade e quantidade de água, manipulando a configuração das plantações, tais como a localização, o tamanho, a mistura de espécies e a densidade das árvores, para evitar os compromissos de vários serviços ecossistémicos. Neste estudo, estabeleci um tampão ripícola de 30 m de floresta mista. No entanto, a manipulação das espécies e da largura poderia melhorar potencialmente a produção de água. Uma meta-análise global de 504 observações de bacias hidrográficas indicou que o caudal dos cursos de água era geralmente reduzido em 50% 20 anos após a reflorestação

(Jackson et al., 2005). Numa revisão de 94 estudos de bacias hidrográficas, um aumento de 10% na extensão das florestas *de Eucalyptus* e *Pinus* causou uma diminuição de 40 mm no caudal anual dos cursos de água em relação às pastagens, enquanto a diminuição nas florestas de folha caduca foi de 25 mm (Bosch e Hewlett, 1982). Na primeira década, as plantações *de eucalipto* induziram uma maior diminuição proporcional do caudal dos cursos de água e mais eventos de cessação de caudal do que as plantações de *pinheiro* (Farley et al., 2005).

O aumento da ET e da infiltração após a reflorestação sugere uma diminuição do escoamento local. As espécies arbóreas de crescimento rápido, como as espécies de produção, são susceptíveis de reduzir o escoamento superficial mais do que as espécies de crescimento lento (Carnus et al., 2006), e podem ser mais susceptíveis à seca e às alterações climáticas (Stercket al., 2011). A floresta ripária pode produzir o dobro da redução do escoamento superficial em relação a uma área equivalente de floresta de terras altas (Scott, 1999), demonstrando que a posição da paisagem é um fator determinante do escoamento superficial após a reflorestação. As reduções no escoamento local seriam conseguidas através da plantação de árvores em densidades mais baixas e com espécies que utilizam menos água. As plantações florestais mais extensas proporcionam uma maior ciclagem da água e uma melhor qualidade da água, mas diminuem a produção de água de forma ainda mais significativa.

O fornecimento dos três serviços ecossistémicos diminuiu no cenário de Expansão Agrícola. Este fenómeno é amplamente conhecido como "desserviços ecossistémicos" da agricultura. Tradicionalmente, os agro-ecossistemas são considerados como fontes de serviços ecossistémicos de aprovisionamento. A melhoria dos serviços de aprovisionamento faz-se à custa dos serviços de regulação. O rendimento hídrico diminuiu 2%, a exportação de sedimentos aumentou 2% e a exportação de N e P aumentou 9 e 1%, respetivamente.

Estudos recentes sugerem que os trade-offs entre a produção agrícola e os vários serviços dos ecossistemas não são inevitáveis e que é possível reduzi-los. Uma análise dos rendimentos das colheitas dos agro-ecossistemas em todo o mundo indica que, em média, os sistemas agrícolas que conservam os serviços ecosistémicos usando práticas como a lavoura de conservação, a diversificação das culturas, a intensificação das leguminosas e o controlo biológico têm um desempenho tão bom como os sistemas intensivos e com muitos factores de produção (Badgley et al., 2007). A introdução deste tipo de práticas em agro-ecossistemas com poucos recursos em 57 países em desenvolvimento resultou num aumento médio relativo do rendimento de 79% (Pretty et al., 2006). Estas análises sugerem que pode ser possível gerir os agro-ecossistemas para apoiar muitos serviços ecosistémicos de regulação e apoio, mantendo ou melhorando ao mesmo tempo os serviços de aprovisionamento para os quais os agro-ecossistemas foram concebidos. A intensificação sustentável dependerá da gestão dos processos ecossistémicos e não da utilização de combustíveis fósseis (Baulcombe et al., 2009).

Conclusão

O presente estudo explora a utilização de um quadro de serviços ecossistémicos para avaliar os impactos da alteração do uso do solo a montante nos serviços ecossistémicos a jusante. Esta dissociação espacial do fornecimento de serviços ecossistémicos é um desafio bem conhecido para a gestão sustentável das paisagens.

A bacia do rio Syrdarya fornece uma grande quantidade de serviços ecossistémicos que apoiam os meios de subsistência das comunidades locais. No entanto, nos países ribeirinhos situados na bacia da Ásia Central, pouca investigação tem sido efectuada para considerar a sua utilização sustentável e os serviços ecossistémicos são frequentemente ignorados na tomada de decisões. Por conseguinte, o objetivo deste estudo é realizar uma avaliação das condições dos serviços ecossistémicos que ajudará os gestores da paisagem e os decisores na bacia do rio Syrdarya com informações preliminares sobre o estado atual dos serviços ecossistémicos, escolhidos com base na sua importância para a comunidade local, nomeadamente: rendimento da água, sedimentos e carga de nutrientes na bacia hidrográfica.

Os resultados do estudo proporcionam aos gestores de ecossistemas dos sectores público e privado um processo de tomada de decisões que compara opções de gestão alternativas, bem como a identificação das áreas de preocupação onde devem ser implementadas práticas de conservação.

Além disso, avaliou as potenciais soluções de compromisso em dois cenários: Reflorestamento ribeirinho e expansão agrícola. A maioria dos gestores de uso da terra concentra-se apenas num serviço ecosistémico isolado, não considerando o quadro geral, sem avaliar como os serviços são gerados sob diferentes estratégias de mudança de LULC.

Os resultados sugerem que:

1. Existe um compromisso entre a qualidade da água (ES regulador) e a quantidade de água

(ES de aprovisionamento) no cenário de reflorestação ribeirinha. O escoamento médio anual das bacias hidrográficas diminuirá após a mudança do uso do solo de erva, arbusto, etc. para floresta; a redução pode ser estimada de forma fiável utilizando um modelo simples de balanço hídrico.

Até recentemente, a florestação foi sempre defendida e propagandeada como uma pista para conservar os ecossistemas e mitigar as alterações climáticas. No entanto, atualmente reconhecemos que é essencial considerar a configuração das florestas para equilibrar os efeitos positivos e negativos.

2. No caso do cenário de expansão agrícola, apesar de a produção agrícola contribuir para a segurança alimentar e o crescimento económico da região, observou-se uma diminuição da qualidade da água em termos de cargas de nutrientes e sedimentos.

Embora as tendências dos resultados sejam basicamente as esperadas, este modelo tem limitações. Em primeiro lugar, os resultados do modelo não foram validados com dados observados no local de estudo, pelo que só são úteis relativamente aos resultados dos cenários alternativos. Os resultados dos modelos poderiam ser incorporados no processo de tomada de decisões, mostrando as alterações na ocupação do solo que aumentarão a exportação de nutrientes e sedimentos e os mecanismos que ajudarão a mitigar a poluição da água. Por exemplo, o modelo mostra que a reflorestação ribeirinha diminui consideravelmente a exportação de nutrientes e sedimentos na bacia hidrográfica, mas afecta negativamente a produção de água.

Em segundo lugar, existem algumas limitações do modelo que podem afetar significativamente os resultados. Para ser mais preciso, o modelo de rendimento hídrico sazonal negligencia os extremos e as variações sazonais do rendimento hídrico e também não considera as interações entre as águas subterrâneas superficiais e profundas. O Rácio de Entrega de Sedimentos considera apenas a erosão de ravinas, ignorando a erosão de ravinas, a erosão de margens e a erosão em massa. . No caso do modelo do rácio de distribuição de nutrientes, este não tem em conta os processos químicos ou biológicos de ciclagem de nutrientes no curso de água (Sharp et al. 2015), o que pode levar a uma sobrestimação dos nutrientes transportados a jusante. Por conseguinte, o modelo pode subestimar a exportação de N e P nos ecossistemas. Além disso, dada a simplicidade do modelo e o baixo número de parâmetros, os resultados são muito sensíveis à maioria dos parâmetros de entrada. Além disso, os valores da tabela biofísica baseiam-se na revisão da literatura de estudos empíricos, não se baseando em dados físicos. Embora os locais destes estudos empíricos tenham condições relativamente semelhantes às da bacia de Syrdarya (terras secas na China), podem não representar totalmente os valores reais.

Referências

Abdullaev, I.,Molden, D., *"Best" water conservation practices and their impact on water productivity in the Syr Darya river basin.*IWMI Research Report, 2003.

Badgley, C., Moghtader, J., Quintero, E., Zakem, E., Chappell, M., Aviles-Vazquez, K., Samulon, A. & Perfecto, I. 2007 *Organic agriculture and the global food supply.* Renew. Agric. Food Syst., 2007.

Balvanera, P., Daily, GC., Ehrlich, PR., Ricketts, TH., Bailey, SA., Kark S., Kremen, C., Pereira H., *Conserving biodiversity and ecosystem services.* Science. 291(5511):2047, 2001

Barkmann, J., R. Baumann, U., Meyer, F. Müller, W. Windhorst, *ÖkologischeIntegrität: RisikovorsorgeimnachhaltigenLandschaftsmanagement.* GAIA 10 (2): 97-108, 2001.

Baulcombe, D.*Reaping the benefits: science and the sustainable intensification of global agriculture.* Londres, Reino Unido: The Royal Society, 2009.

Berkes, F., Folke, C.,*Linking social and ecological systems: management practices and social mechanisms for building resilience.* REINO UNIDO: Cambridge University Press, 1998.

Carpenter, SR., Mooney HA., Agard J., Capistrano, D., DeFries,RS.,Díaz, S., Dietz, T., Duraiappah, AK., Oteng-Yeboah, A., Pereira, HM., et al., *Science for managing ecosystem services: beyond the Millennium EcosystemAssessment.* ProcNatlAcadSciUSA. 106(5):1305-1312, 2009.

Carnus, J.M., Parrotta, J., Brockerhoff, E., Arbez, M., Jactel, H., Kremer, A., Lamb, D., O'Hara, K., Walters, B. *Planted forests and biodiversity (Florestas plantadas e biodiversidade).* J. Forest. 2006.

Carpenter, SR., Mooney,HA.,Agard, J., Capistrano, D., DeFries, RS., Diaz, S., Dietz, T.,Duraiappah, AK., Oteng-Yeboah, A., Pereira, HM., *Science for managing ecosystem services: beyond the Millennium Ecosystem Assessment.* ProcNatlAcadSci USA. 106(5):1305-1312, 2009.

Chen, J., Chen, J., Liao, A., Cao, X., Chen, L., Chen, X., He, C., Han, G.,Peng, S., Lu, M. *Global land cover mapping at 30m resolution: Uma abordagem operacional baseada em POK.* ISPRS J. Photogramm. Remote Sens. 2015.

Christensen, N. L., *The report of the Ecological Society of America Committee on the Scientific Basis for Ecosystem Management.* Ecological Applications 6:665- 691, 1996.

Costanza, R., Darge, R., De Groot, R., Farber, S., Grasso, M., Hannon, B., Limburg, K., Naeem,S., Oneill, RV., Paruelo, J. *The value of the world's ecosystem services and natural capital.*Nature. 387(6630):253-260, 1997.

Costanza, R., Wainger, L., Folke, C, Mäler, KG., *Modeling complex ecological and economic systems.*BioScience 43:545-55, 1993.

Daily, G.C., Matson, P.A., *Ecosystem services: from theory to implementation.* ProcNatlAcadSci USA. 105(28):9455-9456, 2008.

De Boer, F. *HiHydroSoil: Um mapa de propriedades hidráulicas do solo de alta resolução - Versão 1.2; Relatório técnico;* FutureWater: Wageningen, Países Baixos, 2016.

de Groot, R.S., Alkemade, R., Braat, L., Hein, L., & L. Willemen, *Challenges in integrating the concept of ecosystem services and values in landscape planning, management and decision making.*Ecological Complexity 6, 453-462, 2010.

Dikikh, A.N., *Glacial Water Resources in the Issyk-Kul Region (Kyrgyzstan) and their Current and Future Situation.* Instituto de Geografia, Universidade Justus-Liebig, Giessen, 2004.

Egoh, B., Reyers, B., Rouget, M., Richardson, D.M., Le Maitre, D.C., Van Jaarsveld,

AS., *Mapping ecosystem services for planning and management*. AgricEcosyst Environ. 127(1-2):135-140, 2008.

Falkenmark, M.,Rockstrom, J.: *The new blue and green water paradigm: Breaking new ground for water resources planning and management, J. Water Resour. Plan.* Manage.-Asce, 132, 129-132, doi:10.1061/(asce)0733-9496(2006)132:3(129), 2006.

Farley, K.A., Jobbagy, E.G., Jackson, R.B. *Effects of afforestation on wateryield: a global synthesis with implications for policy.*Glob.Chang.Biol., 2005.

FAO,*Digital soil map of the world and derived soil properties*.Land and Water Digital Media Series No. 1.Food and Agriculture Organization of the United Nations, ViaIedelleTerme di Caracalla 00100 Rome Italy, 1998.

Liu, C.M., Zhong, J., *Effects of forests on annual stream flow in the Loess Plateau region.* ActaGeographica Sink 33: 112-126, 1978.

Geng, L., Ma, M., Wang, X., Yu, W., Jia, S., e Wang, H., *Comparação de oito técnicas para reconstruir conjuntos de dados NDVI de séries temporais de sensores multi-satélite na bacia do rio Heihe, China*.Remote Sensing, 6, 2024-2049, 2014.

Haines-Young, R.,Potschin, M., *The links between biodiversity, ecosystem services and human well-being.* Ecosystem Ecology: a new synthesis. Série de revisões ecológicas do BES, CUP, Cambridge 110-139, 2010

Hijmans, R.J., Cameron, J.L., Parra, P.G., Jones, A., *Very high resolution interpolated climate surfaces for global land areas.* Jornal Internacional de Climatologia 25: 1965-1978, 2005.

ICARDA (International Center for AgriculturalResearch in the Dry Areas) *Programa regional para o desenvolvimento agrícola sustentável na Ásia Central e no Cáucaso*. Avaliado em 15.04.2017 (http://cac-program.org/)

Jackson, R.B., Jobbagy, E.G., Avissar, R., Roy, S.B., Barrett, D.J., Cook, C.W., Farley,K.A., le Maitre, D.C., McCarl, B.A., Murray, B.C.*Trading water for* *carbonwith biological sequestration.*Science, 2005.

Jarvis, A., H.I. Reuter, A. Nelson, E. Guevara, 2008, Hole-filled SRTM for the globe Versão 4, disponível na base de dados CGIAR-CSI SRTM 90m (http://srtm.csi.cgiar.org).

Jensen, S., Mazhitova, Z., Zetterstrom, R., Environmental pollution and child health in the Aral Sea region in Kazakhstan. The Science of the Total Environment 206:187193, 1997.

Johnson, W., Buffler, S., *For water quality and Wildlife Habitat Functions on Agricultural Landscapes in the Intermountain West.*USDA General Technical Report RMRS-GTR-203, 2008.

Kandziora, M., B. Burkhard, and F. Müller, *Interactions of ecosystem properties, ecosystem integrity and ecosystem service indicators-A theoretical matrix exercise.* Indicadores Ecológicos 28 (0) (5): 54-78, 2013.

Kates, R.W., Clark, W.C., Corell, R., Hall, J.M., Jaeger, C.C., Lowe, I., *Sustainability science.* Science, 292, 641-642, 2001.

Levin,SA.,*Ecosystems and the biosphere as complex adaptive systems (Os ecossistemas e a biosfera como sistemas adaptativos complexos).* Ecosystems 1: 431-436, 1998.

Levin, S. A., *Fragile dominion: Complexity and the commons.* Reading, MA: Perseus Books, 1999.

MA (Millennium Ecosystem Assessment), *Ecosystems and human well-being: a framework for assessment.* Washington (DC): Island Press49-70, 2003.

Mahmood, K., *Reservoir Sedimentation: Impact, Extent and Mitigation.* Banco Mundial: Washington, DC, EUA, 1987.

McKenzie, E.A., Rosenthal, A.,*Developing scenarios to assess ecosystem service tradeoffs: Guidance and case studies for InVEST users.* World Wildlife Fund,

Washington, D.C. 2012.

McKinney, D.C., *Cooperative management of transboundary water resources in Central Asia, In the Tracks of Tamerlane-Central Asia's Path into the 21st Century,* National Defense University Press, 2003.

McLeod, K. L., H. M. Leslie.*Ecosystem-Based Management for the Oceans.* Island Press, Washington, DC, 2009.

McLeod, K.L., J. Lubchenco, S.R. Palumbi& A.A. Rosenberg,.*Scientific consensus statement on marine ecosystem-based management.Communication Partnership for Science and the Sea.*Island Press, Washington, DC., 2009.

Murray-Rust, H.,Abdullaev, I.,ul Hassan, M.,Horinkova, V., *Water productivity in the Syr-Darya river basin.*Research Report 67. Colombo, Sri Lanka: Instituto Internacional de Gestão da Água, 2003.

Projeto Capital Natural. Documentação InVEST. Avaliado em 01.03.2017 (http://data.naturalcapitalproject.org/investreleases/3.3.0a1.post328+n1ae82edeb557/InVEST_3.3.0a1.post328+n1ae82edeb557_Documentation.pdf)

Nelson, E., Mendoza, G., Regetz, J., Polasky, S., Tallis, H., Cameron, R., Chan, KM., Daily,GC., Goldstein, J., Kareiva, PM,. *Modelação de múltiplos serviços ecossistémicos, conservação da biodiversidade, produção de bens e tradeoffs à escala da paisagem.* Front Ecol Environ. 7(1):4-11, 2003.

NRCS-USDA, National Engineering Handbook (Manual Nacional de Engenharia), Departamento de Agricultura dos Estados Unidos, 2007.

Olsson, P" *Building capacity for resilience in social-ecological systems (Capacitação para a resiliência em sistemas socioecológicos).* Tese de doutoramento. Departamento de Ecologia de Sistemas, Universidade de Estocolmo, Suécia, 2003.

Orlovsky, N.S., Glantz, M.,*Irrigation and Lnd Degradation in the Aral Sea Basin.Sustainable Land Use in Deserts.* Springer-Verlag: Berlim e Nova Iorque,

115125, 2001.

Pannier, B., *River water in Kazakhstan too dirty even for irrigation*. (Disponível em: https: //www. rferl .org/a/Water_In_Kazakhstan_Too_Filthy_To_Even_Use_For_Agricu lture/1616923.html), 2009.

Perrings, C., Duraiappah, A., Larigauderie, A., Mooney, H., *The biodiversity and ecosystem services science-policy interface.* Science. 331(6021):1139-1140, 2011.

Power,AG., *Ecosystem services and agriculture: Tradeoffs and sinergias.* Philosophical Transactions of the Royal Society B 365 2959 2971, 2010.

Pretty, J. N., Noble, A. D., Bossio, D., Dixon, J., Hine, R. E., de Vries, F. & Morison, J. I. L. Resource-conserving agriculture increases yields in developing countries. Environ. Sci. Technol., 2006.

Qi, F., Li, b., Linlin, Y., Zhilong W., Zhang X., *Avaliação dos serviços ecossistémicos e suas caraterísticas espaciais nas regiões áridas da Ásia Central: Um estudo de caso em Altay*

*Prefeitura, China.*Sustentabilidade 7(7):8335-8353, 2015.

Rakhmatullaev, Sh., Huneau, G., Le Coustumer , Ph.,Motelica-Heino, M.

,

BakievM., *Facts and Perspectives of Water Reservoirs in Central Asia:* A *Special Focus on Uzbekistan.*MDPI, Basileia, Suíça, 312-313, 2010.

Raudsepp-Hearne, C., Peterson, GD., Bennett,EM., *Ecosystem service bundles for analyzing tradeoffs in diverse landscapes.*ProcNatlAcadSci USA. 107(11):5242-5247, 2010.

Allen, R.G., Pereira L.S.,Raes, D.,Smith M., *Crop evapotranspiration- Guidelines for computing crop water requirements.*FAO Irrigation and drainage paper 56, FAO, Rome 300 (9), D05109, 1998.

Rockstrom, J., W. Steffen, K. Noone, A. Persson, F. S. Chapin, III, E. Lambin, T. M. Lenton, M. Scheffer, C. Folke, H. Schellnhuber, B. Nykvist, C. A. De Wit, T. Hughes, S. van der Leeuw, H. Rodhe, S. Sorlin, P. K. Snyder, R. Costanza, U. Svedin, M. Falkenmark, L. Karlberg, R. W. Corell, V. J. Fabry, J. Hansen, B. Walker, D. Liverman, K. Richardson, P. Crutzen e J. Foley. *Planetary boundaries:exploring the safe operating space for humanity*. Ecologia e Sociedade **14**(2): 32, 2009.

Scott, D.F.*Gerir a vegetação da zona ribeirinha para manter o caudal: resultados de experiências de captação emparelhadas na África do Sul.* Can. J. For. Res. 29,1149-1157.Selwood, K., 1999

Sharma, S., Baral, H., Laumonier Y., *Assessing impacts on ecosystem services under various plausible oil palm expansion scenarios in Central Kalimantan, Indonesia.* CIFOR Info Brief No 176, 2017.

Savoskul O., Shevnina E., Perziger F., Baburin V., Danshin A. How much water will be available for irrigation in the future? A bacia do SyrDarya. Em Aerts, J.C.J.H.,

Droogers, P. Eds "Climate change in contrasting river basins" (Alterações climáticas em bacias hidrográficas contrastantes). Publicação CABI93-11, 2008.

Scheffer, M., Carpenter, S., Foley, J.A., Folke, C., Walker, B., *Catastrophic shifts in ecosystems*. Nature 413, 591-596, 2001.

Sharp, R., Tallis, H.T., Ricketts, T., Guerry, A.D., Wood, S.A., Chaplin-Kramer, R., Nelson, E., Ennaanay, D., Wolny, S., Olwero, N., Vigerstol, K., Pennington, D., Mendoza, G., Aukema, J., Foster, J., Forrest, J., Cameron, D., Arkema, K., Lonsdorf, E., Kennedy, C., Verutes, G., Kim, C.K., Guannel, G., Papenfus, M., Toft, J., Marsik, M., Bernhardt, J., Griffin, R., Glowinski, K., Chaumont, N., Perelman, A., Lacayo, M. Mandle, L., Hamel, P., Vogl, A.L., Rogers, L., Bierbower, W., Denu, D., e Douglass, J. 2016. *Guia do utilizador da InVEST.* The Natural Capital Project, Universidade de Stanford, Universidade de Minnesota, The Nature Conservancy e World Wildlife Fund, 2016.

Sterck, F., Markesteijn, L., Schieving, F., Poorter, L., *Functional traitsdetermine trade-offs and niches in a tropical forest community*. Proc. Natl.Acad.Sci. U. S. A. 108, 20627-20632, 2011.

Tallis, H., Kareiva, P., Marvier, M., Chang A., *Um quadro de serviços ecossistémicos para apoiar tanto a conservação prática como o desenvolvimento económico.*ProcNatlAcadSci USA. 105(28):9457-9464, 2008.

Tallis H, Lester SE, Ruckelshaus M, Plummer M, McLeod K, Guerry A, Andelman S, Caldwell MR, Conte M, Copps S., *New metrics for managing and sustaining the ocean's bounty.*Mar Policy. 36(1):1-4, 2011.

Tallis, H., Polasky, S.,*Mapping and valuing Ecosystem Services as an approach for conservation and Natural-Resource Management*. Anais da Academia de Ciências de Nova Iorque 1162 (1), 265-283, 2009.

Fundamentos do TEEB, In: Kumar, P. (Ed.), TEEB-The *Economics of Ecosystems and Biodiversity (TEEB): Ecological and Economic Foundations*. Earthscan, Londres, 2010.

Atlas Mundial da Água e do Clima do Instituto Internacional de Gestão da Água (IWMI). ACEDIDO EM 15.03.2017 (http://wcatlas.iwmi.org)

PNUD (Programa das Nações Unidas para o Desenvolvimento), *Segunda Comunicação Nacional da República do Quirguizistão à Convenção-Quadro das Nações Unidas sobre Alterações Climáticas*. PNUD (Programa das Nações Unidas para o Desenvolvimento), Bishkek, 2009.

Departamento de Conservação Ambiental do Estado de Vermont. "Watershed Management" Acedido em 20.03.2017 (http://dec.vermont.gov/watershed

Vilesov, E.N., Uvarov, V.N., *Evolution of the Recent Glaciation in the ZailyskiyAlatau in the 20th Century*. Universidade Estatal do Cazaquistão, Almaty, 2001.

Williams, J., *Sediment Yield Prediction with Universal Equation using Runoff Energy Fator*. Relatório do Serviço de Investigação Agrícola ARS-S-40, Departamento de

Agricultura dos EUA, 1975.

Williams, J. R., & Berndt, H. D.,*Sediment yield computed with universal equation.* Journal of the Hydraulics Division, 98(12), 2087-2098, 1972.

Wischmeier, W.H., e D.D. Smith, Predicting rainfall erosion guide to conservation planning. USDA-Agr.Handb.No. 537, 1978.

Comissão Mundial de Barragens (CMB), *Barragens e Desenvolvimento: Um novo quadro para a tomada de decisões*. Publicação Earthscan: Londres, Reino Unido, 2000.

Zhang L., Vertessy R., Walker G., Gilfedder M. e Hairsine P. (2007*) Afforestation in a catchment context: understanding the impacts on water yield and salinity.* Relatório da indústria 1/07, eWater CRC, Melbourne, Austrália, 2007

Zhang, L., Dawes, W. R., e Walker, G. R., *Predicting the effect of vegetation changes on catchment average water balance*. Technical Report 99/12, Cooperative Research Centre for Catchment Hydrology, Camberra, 1999.

Zhang, L., Dawes, W. R., and Walker, G. R.,*Response of mean annual evapotranspiration to vegetation changes at catchment scale*, Water Resour. Res., 37, 701-708, 2001.

Zhang, L., Hickel, K., Dawes, W. R., Chiew, F. H. S., Western, A. W., Briggs, P. R., *A rational function approach for estimating mean annual evapotranspiration*, Water Resour. Res., 40, W02502, doi:10.1029/2003WR002710, 2004.

MIX
Papier aus verantwortungsvollen Quellen
Paper from responsible sources
FSC® C105338

Printed by Books on Demand GmbH, Norderstedt / Germany